Entwicklung eines spezifischen Nachweissystems

für Salmonellen in Lebensmitteln

auf Grundlage der PCR

vorgelegt von

Diplom-Biologin

Pia Scheu

Vom Fachbereich 15 - Lebensmittelwissenschaft und Biotechnologie

der Technischen Universität Berlin

zur Erlangung des akademischen Grades

Doktor der Naturwissenschaften

- Dr. rer. nat. -

genehmigte Dissertation

Berichter: Prof. Dipl.-Ing. Dr. U. Stahl

Berichter: Prof. Dr. med. A. Rolfs

Tag der wissenschaftlichen Aussprache: 16.07.1999

Berlin 1999

D 83

Berichte aus der Biologie

Pia Scheu

Entwicklung eines spezifischen Nachweissystems für Salmonellen in Lebensmitteln auf Grundlage der PCR

D 83 (Diss. TU Berlin)

Shaker Verlag
Aachen 1999

Die Deutsche Bibliothek - CIP-Einheitsaufnahme

Scheu, Pia:
Entwicklung eines spezifischen Nachweissystems für Salmonellen in
Lebensmitteln auf Grundlage der PCR / Pia Scheu.
- Als Ms. gedr. - Aachen : Shaker, 1999
    (Berichte aus der Biologie)
    Zugl.: Berlin, Techn. Univ., Diss., 1999
ISBN 3-8265-6459-6

ISBN 3-8265-6459-6
ISSN 0945-0688

Shaker Verlag GmbH • Postfach 1290 • 52013 Aachen
Telefon: 02407 / 95 96 - 0 • Telefax: 02407 / 95 96 - 9
Internet: www.shaker.de • eMail: info@shaker.de

Mein besonderer Dank gilt Herrn Prof. Dr. Ulf Stahl, meinem Doktorvater für die wissenschaftliche Betreuung und Unterstützung beim Erstellen dieser Arbeit.

Herrn Prof. Dr. med. Arndt Rolfs danke ich für sein Einverständnis und seine Mühe diese Arbeit zu begutachten.

Für wertvolle Anregungen und Diskussionen, die zum Gelingen dieser Arbeit beigetragen haben sowie für das kritische Lesen des Manuskriptes bedanke ich mich besonders herzlich bei Herrn Dr. Alexander Gasch und Frau Diplom-Biologin Astrid Seemann.

Ferner gilt mein Dank der Geschäftleitung der Fa. BioteCon, Frau Dr. Kornelia Berghof und Herrn Dr. Lutz Müller-Kuhrt. Der experimentelle Teil dieser Arbeit wurde in den Laboren der Fa. BioteCon durchgeführt.

Meinen Kollegen Dr. Freimut Wilborn und Herrn Diplom-Biologen Cordt Grönewald möchte ich für die Diskussionsbereitschft und Ratschläge danken, Herrn Douglas Friday für die Korrektur des englischsprachigen Manuskriptes. Allen Mitarbeitern der Firma BioteCon danke ich für die gute Zusammenarbeit und Arbeitsatmosphäre im Labor.

Danken möchte ich weiterhin Herrn Dr. Ulrich Finckh für die nützlichen Ratschläge und Hilfe bei den DNA-Sequenzierungen.

Schließlich gilt mein Dank meiner Familie und meinen Freunden, die mir während dieser Zeit hilfreich zur Seite standen.

INHALTSVERZEICHNIS

Abkürzungsverzeichnis

Verzeichnis der Abbildungen und Tabellen

Verzeichnis der Abbildungen

Verzeichnis der Tabellen

Abkürzungsverzeichnis

Abb.	Abbildung
ag	Atogramm (= 10^{-18} Gramm)
Amp	Ampicillin
AP	Alkalische Phosphatase
Aqua dest.	(lat. Aqua destillata) destilliertes Wasser
Art.	Artikel
ATCC	American Type Culture Collection, Rockville Md., USA
bp	Basenpaar (e)
BSA	(engl. Bovine Serum Albumin) Rinderserumalbumin
bzw.	beziehungsweise
cDNA	(engl. complementary DNA) komplementäre DNA
dATP	Desoxyadenosintriphosphat
dCTP	Desoxycytidintriphosphat
ddNTP	di-Desoxyribonukleintriphosphat
dGTP	Desoxyguanosintriphosphat
d. h.	das heißt
Dig	Digoxigenin
Dig-11-dUTP	Digoxigenin-markiertes Desoxyuraciltriphosphat
DNA	Desoxyribonukleinsäure
dNTP	Desoxyribonukleintriphosphat
DSM	Deutsche Sammlung von Mikroorganismen und Zellkulturen GmbH
dTTP	Desoxythymidintriphosphat
dUTP	Desoxyuraciltriphosphat
EDTA	Ethylendiamintetraessigsäure
EIEC	engl. enteroinvasive *Escherichia coli*
ELISA	engl. Enzyme Linked Immunosorbent Assay
et al.	(lat. *et alii*) und andere
Fa.	Firma
fg	Femtogramm (= 10^{-15} Gramm)
fmol	Femtomol
g	Gramm
x g	Vielfaches der Erdbeschleunigung g (g = 9,81 m s^{-2})
GÄ	Genomäquivalent (e)
h	Stunde (n)
IfGB	Institut für Gärungsgewerbe und Biotechnologie, Berlin
IMS	Immunomagnetische Separation
IPTG	Isopropyl-ß-D-thiogalactopyranosid
IS-Element	Insertionselement
Kat.	Katalog
KBE	Kolonie Bildende Einheit (en)
Kbp	Kilobasenpaar (e)
l	Liter
LCR	(engl. Ligase Chain Reaction) Ligase-Kettenreaktion
M	molar
mg	Milligramm (= 10^{-3} Gramm)
mJ	Millijoule

ml	Milliliter
mM	millimolar
mRNA	(engl. messenger RNA) Boten RNA
NASBA	engl. Nucleic Acid Sequence Based Amplification
NBT	4-Nitroblautetrazoliumchlorid
ng	Nanogramm (= 10^{-9} Gramm)
nm	Nanometer
Nr.	Nummer
NRRL	Northern Regional Research Laboratory, USA
o. g.	oben genannt
OD	optische Dichte
^{32}P	radioaktiv markierter Phosphor
p. a.	(lat. per analysis) zur Analyse
PBE	Plaque Bildende Einheit (en)
PBW	engl. Phoshate Buffered Water
PCR	(engl. Polymerase Chain Reaction) Polymerase-Kettenreaktion
pg	Pikogramm (= 10^{-12} Gramm)
pH	negativ dekadischer Logarithmus der Wasserstoffionenkonzentration
pmol	Pikomol
pNPP	para-Nitrophenylphosphat
RNA	Ribonukleinsäure
rpm	(engl. revolutions per minute) Umdrehungen pro Minute
rRNA	ribosomale RNA
RT-PCR	PCR nach reverser Transkription
SDS	Sodiumdodecylsulfat
SLT	engl. Shiga like toxin
SLTEC	engl. Shiga like toxin bildende *E. coli*
sog.	sogenannt (e, es)
ST	Standard
spec.	Spezies
ssp.	Subspezies
Tab.	Tabelle
Taq	*Thermus aquaticus*
TEMED	N' - Tetramethylethylendiamin
Tris	Tris(hydroxymethyl)-aminomethan
u	(engl. unit) Einheit
ü. N.	über Nacht
v/v	(engl. volume per volume) Volumen/Volumen
w/v	(engl. weight per volume) Gewicht/Volumen
WT	Wildtyp
X-Gal	5-Brom-4-Chlor-3-Indolyl-ß-D-Galaktose
X-Phosphat	5-Brom-4-Chlor-3-Indolyl-Phosphat
z. B.	zum Beispiel
μg	Mikrogramm (= 10^{-6} Gramm)
μl	Mikroliter
3SR	engl. Self-sustained Sequence Replication

I Theoretischer Teil

Nachweis mikrobieller Kontaminationen in Lebensmitteln Entwicklungen von DNA-Nachweisverfahren

Die Entwicklung schneller und sensitiver Verfahren zur Identifizierung und Typisierung von Mikroorganismen ist in vielen Bereichen der Forschung, wie z. B. der Taxonomie und der mikrobiellen Ökologie von großem Interesse. Ebenso eignen sich solche Methoden in Bereichen, in denen Aspekte der biologischen Sicherheit im Vordergrund stehen. Während diese Verfahren in der medizinischen Mikrobiologie und Hygieneüberwachung im Krankenhaus vermehrt eingesetzt werden, finden sie in der mikrobiologischen Qualitätskontrolle von Lebensmitteln bisher noch kaum Anwendung.

Traditionelle Verfahren zur Identifizierung von Mikroorganismen in der Lebensmittelmikrobiologie basieren auf dem Nachweis morphologischer und physiologischer Merkmale. Da morphologische Merkmale nur eine grobe Zuordnung erlauben, erfolgt die weitere Identifizierung durch biochemische und immunchemische Testverfahren. Obwohl bei diesen Nachweismethoden grundlegend verschiedene Prinzipien zur Anwendung kommen, handelt es sich dabei stets um den phänotypischen Nachweis von Mikroorganismen. Weil die Ausprägung phänotypischer Merkmale sowohl genetischen Faktoren als auch Umwelteinflüssen unterliegt, kann es zu Variationen der Ergebnisse kommen.

Als Ergänzung der klassischen mikrobiologischen Nachweisverfahren wurden in den vergangenen Jahren vermehrt Methoden entwickelt, die auf einem Nachweis des Genotyps basieren. Ausgehend von den klassischen Methoden soll in den folgenden Abschnitten eine Übersicht über diejenigen Methoden gegeben werden, die auf der Grundlage eines DNA-Nachweises entwickelt wurden.

Die klassischen Nachweisverfahren beruhen meist auf einer unselektiven Kultur zur Resuszitation (Wiederbelebung) subletal geschädigter Mikroorganismen. Im Anschluß daran erfolgt die weitere Kultivierung in Selektivmedien, in Form einer Flüssigkultur oder auf festen Nährböden. Ist die eindeutige Identifizierung bis zu diesem Schritt nicht möglich, schließt sich eine Serie biochemischer Testverfahren an, bei denen oft miniaturisierte Systeme eingesetzt werden.

Ein großes Problem stellt dabei sowohl der Nachweis schwer kultivierbarer Mikroorganismen wie z. B. von *Legionella* Spezies (Yamamoto *et al.* 1993) sowie nicht kultivierbarer Mikroorganismen dar. Nicht kultivierbare Stadien werden für *Vibrio cholerae* (Huq und Colwell 1995), *Campylobacter jejuni* (Rollins und Colwell 1986), *Escherichia coli* (Xu *et al.* 1982) und *Salmonella enterica* (Turpin *et al.* 1993) beschrieben. Da es sich jedoch um lebende Mikroorganismen handelt, kann von diesen Bakterien ein erhebliches gesundheitliches Risiko ausgehen, wenn sie nicht erkannt werden (McKay 1992).

Ferner ist der Nachweis fakultativ pathogener Mikroorganismen wie z. B. enterotoxischer *Escherichia coli*, schwierig. Bisher gibt es für enterotoxische *E. coli* kein zufriedenstellendes mikrobiologisches Verfahren, das eine Unterscheidung von pathogenen und apathogenen Stämmen erlaubt. Hinzu kommt, daß sich pathogene Stämme in einer Mischkultur meist nicht durchsetzen und daher sehr leicht überwachsen werden (Mehlman und Romero 1982, Hill *et al.* 1985). Weiterhin kann der Verlust von Plasmid-codierten Toxingenen während der Kultur zu falsch negativen Ergebnissen führen (Dreyfuß *et al.* 1983, Chosa *et al.* 1989, Candrian *et al.* 1991).

Die Nachahmung der natürlichen Wachstumsbedingungen im Labor ist für viele Mikroorganismen unterschiedlicher Biotope sehr schwierig. Oft sind sie an komplexe Konditionen angepaßt, die im Labor nicht entsprechend nachvollzogen werden können. Neben den chemischen und physikalischen Kulturbedingungen kann die Zusammensetzung einer Mischpopulation eine entscheidende Rolle für das Wachstum der einzelnen Mikroorganismen spielen (Pace *et al.* 1986).

Im Laufe des letzten Jahrzehnts wurden viele mikrobiologische Nachweismethoden durch die Etablierung immunchemischer Methoden ergänzt, deren Grundlage auf dem Prinzip einer spezifischen Antigen-Antikörper Reaktion basiert. Die Anwendung von mono- und polyklonalen Antikörpern ermöglicht einen Mikroorganismennachweis über die Detektion von Oberflächenantigenen (Proteine, Glykoproteine, Lipopolysaccharide) oder spezifischen Toxinen. Eine Reihe von anwenderfreundlichen Modifikationen wie z. B. die Latex Agglutination, Immunodiffusion und der Einsatz von antikörperbeschichteten paramagnetischen Polystyrolpartikeln beruhen auf diesem Prinzip. Der **Enzym Linked ImmunoSorbent Assay (ELISA)** ist heute die wichtigste immunchemische Methode in der Lebensmittelanalytik. Das Nachweisprinzip des ELISA beruht auf der Kombination einer spezifischen Antigen-Antikörper Reaktion und der anschließenden Visualisierung mittels einer Enzym-Substrat Reaktion. Ein großes Problem dieser Methoden ist jedoch die durch Genexpression und Antikörperreaktion bedingte Variabilität. Da sich die Kulturbedingungen im Labor erheblich von den natürlichen Gegebenheiten unterscheiden können, kann die Produktion des jeweiligen Antigens großen Schwankungen unterliegen (Gomez-Lucia *et al.* 1989). Konstitutive Merkmale wie die Expression von Determinanten der Zelloberfläche sind daher besser geeignet. Der Nachteil bei der Anwendung von Antikörpern gegen Oberflächenantigene besteht jedoch darin, daß eine Differenzierung vielfach nur auf der Gattungsebene möglich ist (Mattingly *et al.* 1988, Kerr *et al.* 1990).

Die Nachweisgrenze immunchemischer Methoden liegt im allgemeinen bei 10^5 - 10^6 Zellen ml^{-1}, was keine signifikante Verbesserung der Sensitivität im Vergleich zu biochemischen Nachweisverfahren bedeutet. Wird die geforderte Zellzahl während der kulturellen Anreicherung nicht erreicht, kann dies zu falsch negativen Ergebnissen führen (Wyatt *et al.* 1995). Weitere Nachteile dieser Methoden sind bedingt durch Kreuzreaktionen der meist teuren, begrenzt haltbaren Antiseren. Zudem erfordert die Anwendung immunchemischer Nachweisverfahren eine zusätzliche Laborausstattung (z. B. ELISA Photometer).

Als Ergänzung zu den beschriebenen Methoden können Verfahren, die auf einem Nachweis von Nukleinsäuren beruhen, zur Identifizierung und Typisierung von Mikroorganismen herangezogen werden. Gemeinsame Grundlage dieser Methoden ist ein Nachweis auf genetischer Ebene, der weder vom Wachstumsstadium der Mikroorganismen noch von Umwelteinflüssen abhängig ist und somit als sehr spezifisch angesehen werden kann.

In Abhängigkeit der Spezifität eines Nachweissystems - Gattungs-, Art-, Stammspezifität - können verschiedene Regionen des Genoms als Zielort verwendet werden. Pathogene Mikroorganismen werden vielfach über Gene, die Toxine codieren, nachgewiesen. Beispiele dafür sind Verotoxin bei toxischen *E. coli* (Willshaw *et al.* 1985, Bülte 1991), Enterotoxin B bei *Staphylococcus aureus* (Notermans *et al.* 1988), Hämolysin bei *Listeria monocytogenes* (Datta *et al.* 1988), Neurotoxin A bei *Clostridium botulinum* (Fach *et al.* 1993) sowie Choleratoxin *bei Vibrio cholerae* (Koch *et al.* 1993). Jagow und Hill (1986) entwickelten ein Nachweissystem für *Yersinia enterocolitica* auf der Basis eines Virulenzplasmids. Ebenso eignen sich Gene, die für spezifische Enzyme codieren, wie beispielsweise Thermonuclease (Liebl *et al.* 1987), ß-Galactosidase (Bej *et al.* 1990a), ß-Glucuronidase (Bej *et al.* 1991a), Abequose- und Paratose-Synthase (Luk *et al.* 1993) sowie Cystein-Proteinase (Fernandez *et al.* 1994). Häufige Anwendung finden auch rRNA-Gene, da sie zwar ubiquitär verbreitet sind, jedoch Unterschiede zeigen, die eine phylogenetische Zuordnung der Mikroorganismen erlauben. Dadurch können Nachweissysteme unterschiedlicher Spezifität entwickelt werden (Woese 1987, Micheal und Murray 1990, Grimont und Grimont 1991).

Ein wesentlicher Vorteil bei der Nutzung von rRNA als nachzuweisende Zielnukleinsäure ist die hohe Kopienzahl von >10^4/Zelle. Deshalb finden Systeme auf rRNA-Basis auch Anwendung in Form der *in situ*-Hybridisierung sowie Koloniehybridisierung (Betzl *et al.* 1990, Salama *et al.* 1993, Nissen *et al.* 1994). Als weitere Alternative können auch DNA-Bereiche im Genom mit unbekannter Funktion als Zielorte verwendet werden. Diese Strategie wurde von Schmidhuber *et al.* (1988) zur Identifizierung von *Streptococcus oralis* sowie von einer Reihe weiterer Autoren zum Nachweis von Salmonellen beschrieben (Fitts *et al.* 1983, Gopo *et al.* 1988, Scholl *et al.* 1990, Olsen *et al.* 1991). Wenn die Funktion des jeweiligen Genortes unbekannt ist, ist es jedoch schwieriger eine Aussage bezüglich der Stabilität sowie der genetischen Variabilität zu treffen.

Die Detektionsmethoden basieren auf der Hybridisierung von DNA-Sonden mit genomischer DNA oder RNA von Mikroorganismen. Bei den Sonden handelt es sich um einzelsträngige Oligonukleotide oder DNA-Fragmente mit einer Länge von 15 - 1000 Basen, die auch in Gegenwart unspezifischer DNA mit der zu identifizierenden Zielsequenz hybridisieren.

Der Nachweis und/oder die Typisierung von Mikroorganismen mit Hilfe von Gensonden kann z. B. nach Spaltung des gesamten Genoms mit Restriktionsenzymen erfolgen. Letzteres führt nach Elektrophorese, Transfer auf eine Membran und Hybridisierung mit der jeweiligen Sonde zu einem charakteristischen DNA-Muster ("genetisches oder genomisches Fingerprinting"). Dazu gehören die inzwischen als klassisch zu bezeichnenden Untersuchungen von sog. Restriktions Fragment Längen Polymorphismen (RFLPs). Hingegen beruhen die sog. PCR-Fingerprint Verfahren auf einer Amplifikation unterschiedlicher Genomfragmente wie z. B. der rDNA-Bereiche, wobei die entstehenden Amplifikate anschließend mit Restriktionsenzymen gespalten werden (Amplified Ribosomal DNA-Restriction Analysis [ARDRA]), (Vaneechoutte *et al.* 1992). Durch den Vergleich der artspezifischen Muster mit denen der Referenzstämme ist eine Zuordnung der Mikroorganismen möglich. Während bei dieser Methode diskrete Bereiche amplifiziert werden, können durch die Random Amplified Polymorphic DNA (RAPD) unbekannte Bereiche des Genoms amplifiziert werden (Williams *et al.* 1990). Bei diesem auch als DNA-Amplifikations-Fingerprinting (DAF) oder Arbitrarily Primed PCR (AP-PCR) bezeichneten Verfahren werden Zufallsprimer benutzt. Die auf diese Weise amplifizierten DNA-Segmente ergeben nach ihrer Auftrennung ein spezifisches Bandenmuster, das häufig sogar die Unterscheidung verschiedener Stämme einer Art ermöglicht. Durch die Möglichkeit, Mikroorganismen über eine spezifische DNA-Sequenz zu identifizieren, wurde ihr Nachweis wesentlich verbessert. Dabei kommen zwei grundlegende Prinzipien zur Anwendung. Zum einen sind es direkte Hybridisierungsmethoden, wie z. B. die Koloniehybridisierung oder der kolorimetrische DNA-Hybridisierungs-Assay. Daneben werden verschiedene *in vitro*-Amplifikationsmethoden angewendet. Im Folgenden soll auf die direkten Hybridisierungsmethoden eingegangen werden und danach auf die verschiedenen Methoden, die auf einer *in vitro*-Amplifikation basieren.

1   *DNA-Hybridisierungsmethoden*

1.1   Koloniehybridisierung

Bei der Koloniehybridisierung werden spezifische DNA-Sequenzen von Mikroorganismen ohne vorherige Isolierung der entsprechenden Nukleinsäuren nachgewiesen. Die auf einer Agaroberfläche wachsenden Bakterienkolonien (10^5 - 10^6 Kopien des Zielmoleküls) werden auf eine Trägermembran übertragen und lysiert. Für Gram-negative Bakterien ist eine Behandlung mit einer alkalischen Lösung zur Zellyse und Denaturierung der DNA ausreichend (Grunstein und Hogness 1975), während bei Gram-positiven Arten ein zusätzlicher Hitzeschritt zum Aufschluß der Bakterien empfohlen wird (Betzl *et al.* 1990). Mit der Koloniehybridisierung ist eine Quantifizierung und der Nachweis der vermehrungsfähigen Organismen in einer Mischkultur möglich. Bohnert *et al.* (1992) entwickelten ein Koloniehybridisierungsverfahren für *L. monocytogenes* auf der Grundlage der Listeriolysin O-Gensequenz als Sonde, die sowohl artspezifisch innerhalb der Gattung *Listeria* als auch spezifisch gegenüber der bakteriellen Begleitflora von Lebensmitteln ist. Ein großer Nachteil dieser Methode ist jedoch die unzureichende Sensitivität. Bedingt durch das limitierte Inokulationsvolumen von 100 µl bis 1 ml pro Agarplatte liegt das Detektionslimit bei 100 bis 10 Bakterien pro Gramm eines Lebensmittels (Bülte und Jakob 1995) und erfüllt daher die Anforderungen der amtlich zugelassenen Methoden im Bereich der Lebensmittelhygiene und mikrobiologischen Qualitätskontrolle nicht.

1.2 Kolorimetrischer DNA-Hybridisierungs-Assay

Das Charakteristikum des kolorimetrischen DNA-Hybridisierungs-Assays liegt in der Verwendung von zwei 30 - 40 Basen langen Oligonukleotid-Sonden, die komplementär zu benachbarten Bereichen auf der 16S oder 23S rRNA des Zielorganismus sind (Abb. 1). Eine dieser Sonden dient als Fangsonde ("capture probe") und enthält am 3' Ende ein poly-A Segment. Mit Hilfe dieses poly-A Segments wird das im Laufe der Reaktion gebildete Hybridmolekül an einer mit poly T beschichteten Festphase (z. B. "dipstick") gebunden. Die Nachweissonde ("detection probe") hingegen ist sowohl am 3'- als auch am 5' Ende mit Fluoreszein markiert, über welches später das DNA-RNA-Hybrid kolorimetrisch nachgewiesen werden kann (Wilson *et al.* 1990).

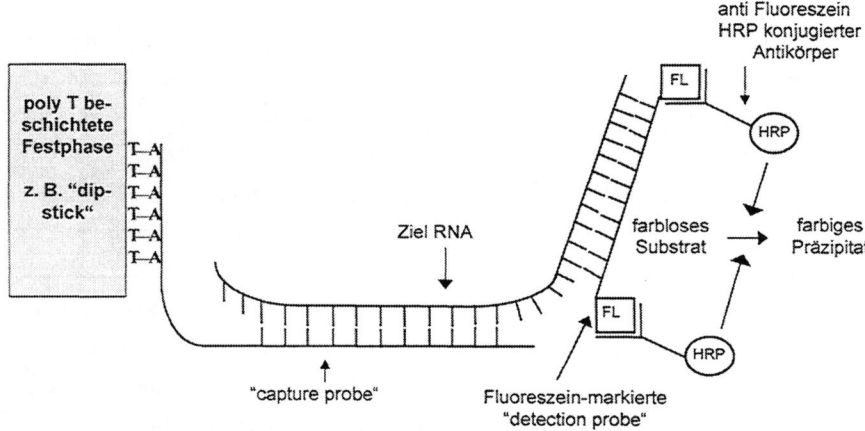

Abb. 1: Schematische Darstellung des kolorimetrischen DNA-Hybridisierungs-Assay

Die Ziel-RNA hybridisiert mit der "capture probe", welche über eine poly-A Sequenz an eine feste Phase ("dipstick") gekoppelt ist. Die Detektion basiert auf einer weiteren Hybridisierung der Ziel-RNA mit einer Sonde, die sowohl am 3' Ende als auch am 5' Ende eine Fluoreszeinmarkierung (FL) trägt. Hybridisierungsprodukte werden durch die Zugabe eines Meerettich-Peroxidase (HRP) konjugierten Antikörpers, der zur Umsetzung eines farblosen Substrates in ein farbiges Präzipitat führt, nachgewiesen.

Der Test kann zwar innerhalb von 2,5 bis 3 Stunden durchgeführt werden, setzt jedoch je nach nachzuweisender Bakterienart eine 24- bis 48-stündige Anzucht der Mikroorganismen voraus. Da die Anzahl der vorhandenen Ribosomen pro Zelle vom Wachstumsstadium der Bakterienkultur abhängig ist, sollten die Anreicherungsprotokolle so angelegt werden, daß sich die Zielorganismen zu Testbeginn in der logarithmischen oder in der frühen stationären Phase befinden. Nur zu diesem Zeitpunkt kann das Maximum der Sensitivität erreicht werden. Solche Tests zum Nachweis von verschiedenen Mikroorganismen z. B. *Salmonella* spec., *Listeria monocytogenes, Escherichia coli, Staphylococcus aureus, Campylobacter* spec. und *Yersinia enterocolitica* sind kommerziell erhältlich (Gene Trak®). In den Vereinigten Staaten wurde diese Technik durch die "Association of Official Analytical Chemists" (AOAC) als amtliche Methode zum Nachweis von Salmonellen in Lebensmitteln bereits zugelassen (Chan *et al.* 1990, Curiale und Klatt 1990). Eine Automatisierung dieses Prinzips zum Nachweis von *L. monocytogenes* wurde von Mabilat *et al.* (1996) beschrieben. Wie ihre vorläufigen Ergebnisse zeigen, bedarf es noch weiterer Verbesserungen, bevor das automatisierte Verfahren für eine routinemäßige Anwendung eingesetzt werden kann.

Die genannten direkten DNA-Hybridisierungsmethoden zeichnen sich durch eine hohe Spezifität aus, zeigen jedoch in vielen Anwendungsbereichen eine unzureichende Sensitivität. Die Nachweisgrenzen der Verfahren liegen bei 10^5 bis 10^6 Kopien des nachzuweisenden Moleküles (Fitts *et al.* 1983, Wilson *et al.* 1990, Hill und Keasler 1991). Eine Verbesserung der Sensitivität kann durch die Anreicherung der Mikroorganismen in einer Kultur oder durch die Anwendung von *in vitro* Amplifikationstechniken erreicht werden.

2 *In vitro-Amplifikationsmethoden*

Die Entwicklung verschiedener *in vitro*-Amplifikationsmethoden eröffnete die Möglichkeit, gezielt Nukleinsäuren zu vervielfältigen. In Abhängigkeit der Methode werden dazu die Aktivitäten verschiedener Enzyme (DNA-, RNA-Polymerase, DNA-Ligase) genutzt. Je nachdem, ob es sich bei der zu amplifizierenden Nukleinsäure um DNA oder RNA handelt, werden verschiedene Verfahren angewandt. Bei der "Polymerase Chain Reaction" (PCR) sowie der "Ligase Chain Reaction" (LCR) ist DNA, bei der "Self-sustained Sequence Replication" (3SR) sowie der "Nucleic Acid Sequence Based Amplification" (NASBA®) ist vor allem RNA das Zielmolekül. Im Gegensatz zu den erstgenannten Methoden, die im allgemeinen auf einem mehrstufigen Temperaturprofil basieren, handelt es sich bei der 3SR bzw. der NASBA® um eine isothermale Reaktion. Da diese Methoden - mit Ausnahme der PCR - im Bereich der Lebensmittelüberwachung und -hygiene bisher nur eingeschränkte praktische Bedeutung haben, soll der Schwerpunkt der weiteren Ausführungen auf der PCR liegen. Die anderen Methoden werden nur kurz zusammengefaßt.

2.1 Self-sustained Sequence Replication (3SR)

Die "Self-sustained Sequence Replication" basiert auf einer isothermalen Amplifikation von Nukleinsäuren und ähnelt der retroviralen Replikation (Guatelli *et al.* 1990). Auf dieser auch als Nucleic Acid Sequence Based Amplification (NASBA®) beschriebenen Methode (van Brunt 1990, Compton 1991) beruhen die kommerziell erhältlichen Kits der Firma Organon Teknika. In Abbildung 2 ist das Prinzip der Amplifikationsreaktion dargestellt.

9

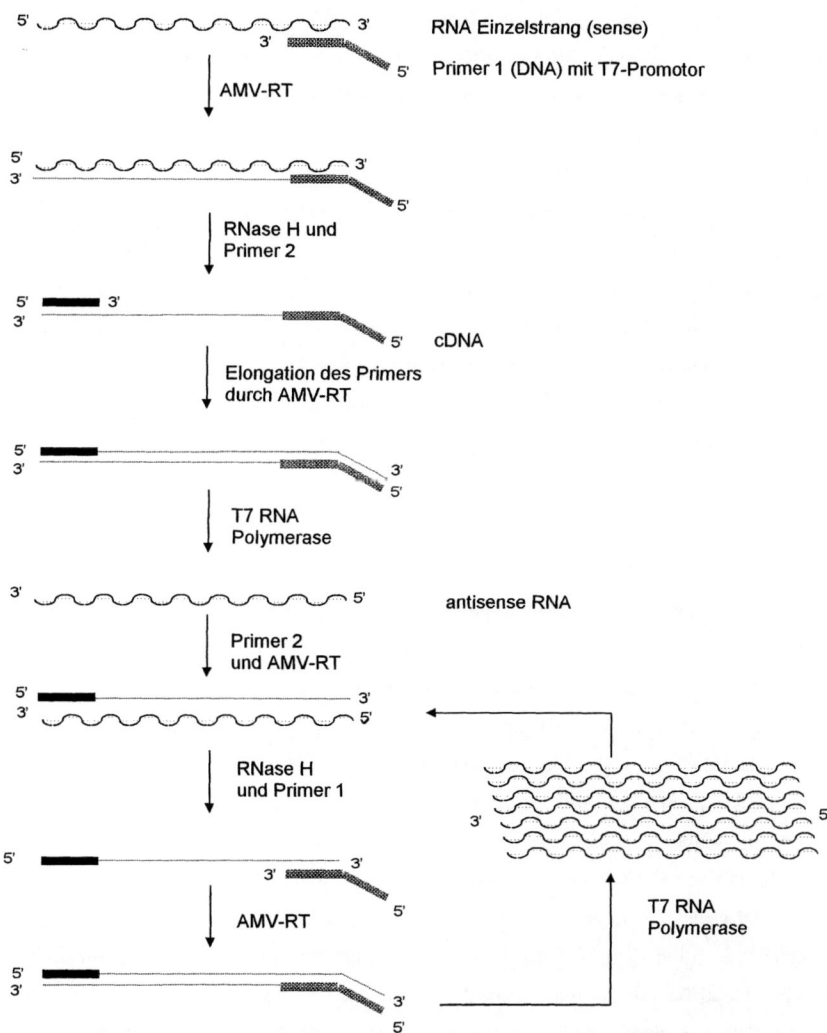

5' ~~~~~~~~~~~~~~~~~ 3'   RNA Einzelstrang (sense)
                           3' ▒▒▒▒▒▒
                                     5' Primer 1 (DNA) mit T7-Promotor

        ↓ AMV-RT

5' ~~~~~~~~~~~~~~~~~ 3'
3' ─────────────────▒▒▒▒▒▒
                            5'

        ↓ RNase H und
          Primer 2

5' ■■■■ 3'
3' ─────────────────▒▒▒▒▒▒
                            5' cDNA

        ↓ Elongation des Primers
          durch AMV-RT

5' ■■■■─────────────
3' ─────────────────▒▒▒▒▒▒ 3'
                            5'

        ↓ T7 RNA
          Polymerase

3' ~~~~~~~~~~~~~~~~~ 5'   antisense RNA

        ↓ Primer 2
          und AMV-RT

5' ■■■■─────────────── 3'
3' ~~~~~~~~~~~~~~~~~~~~~ 5'

        ↓ RNase H
          und Primer 1

5' ■■■■────────────── 3'
                    3' ▒▒▒▒▒▒
                             5'

        ↓ AMV-RT

5' ■■■■──────────────
3' ─────────────────▒▒▒▒▒▒ 3'
                            5'

Abb. 2: Schematische Darstellung der 3SR zur *in vitro*-Amplifikation von RNA

Die Reaktion beginnt mit der Anlagerung des "downstream" Primers, der am 5'-Ende die Sequenz des
T7-Promotors enthält, an die einzelsträngige Zielsequenz. Mit Hilfe der Reversen Transkriptase des
"avian myeloma virus" (AMV-RT) erfolgt die Synthese der cDNA. Durch die Aktivität der RNase H
wird die RNA des RNA-cDNA Hybridmoleküls hydrolysiert, so daß eine einzelsträngige DNA resul-
tiert. An diese DNA bindet der "upstream" Primer (Primer 2), der mit Hilfe der DNA-
Polymeraseaktivität der AMV-RT entsprechend der komplementären Sequenz verlängert wird. Somit
entsteht eine doppelsträngige DNA mit einer transkriptionsaktiven Promotersequenz. Mit Hilfe der T7
RNA-Polymerase werden in der sich anschließenden Phase einzelsträngige antisense RNA Kopien
synthetisiert, die ebenfalls wieder als Zielsequenz dienen (verändert nach Fahy *et al.* 1991).

Bei diesem Verfahren wird innerhalb kurzer Zeit durch die Kopplung der DNA-Polymerisation mit einer Transkription die Zunahme von Amplifikaten in einer Größenordnung von 10^7 Kopien erreicht (Guatelli *et al.* 1990). Da bei der isothermal durchgeführten Reaktion keine Denaturierungsschritte vorhanden sind, ist die spezifische Amplifikation einzelsträngiger RNA gewährleistet. Je nach Halbwertzeit der RNA werden mit großer Wahrscheinlichkeit nur lebende Mikroorganismen nachgewiesen. Im Bereich der Lebensmittelhygiene bietet sich diese Methode deshalb z. B. zur Überwachung pasteurisierter Produkte an.

Abgesehen von der aufwendigen Isolierung von RNA ist die Amplifikation mit einem 3-Enzym-System völlig verschieden von einer Reaktion mit nur einem Enzym und muß somit für jedes Nachweissystem neu etabliert werden. Die praktische Anwendung beschränkt sich nicht zuletzt deshalb bisher auf wenige Systeme wie auf den Nachweis von RNA-Viren (Kievits *et al.* 1991, Lair *et al.* 1994).

2.2   Ligase-Kettenreaktion (LCR)

Das Prinzip der LCR basiert auf einer Ligation von zwei zueinander benachbarten Oligonukleotidpaaren (Primer), die mit der Ziel-DNA hybridisieren (Abb. 3). Vergleichbar mit der Amplifikation in einer PCR dienen hierbei DNA von Mikroorganismen und ligierte Oligonukleotide als Ziel-DNA. Im Unterschied zur PCR, bei der von Primern flankierte DNA-Bereiche unabhängig von ihrer exakten Sequenzinformation amplifiziert werden, erfolgt bei der LCR nur eine Amplifikation von DNA-Sequenzen, die genau der zu amplifizierenden Nukleotidsequenz entsprechen. Der Verbindungspunkt von zwei Primern wird dabei so gewählt, daß das 3' Ende des "upstream" Primers mit einer potentiellen Punktmutation in der Ziel-DNA zusammentrifft. Besteht nach der Anlagerung der Primer eine Fehlpaarung ("Mismatch") an ihren zu ligierenden Enden, werden diese nicht kovalent verknüpft und es kann keine Amplifikation stattfinden. Mit dieser erstmals von Barany (1991) publizierten Methode ist es somit möglich, eine Punktmutation in einem DNA-Pool und damit verschiedene Allele oder andere Polymorphismen gezielt zu identifizieren. Abschätzungen zur Sensitivität dieser Methode zeigen, daß bei einem Gemisch aus Wildtyp- und mutiertem DNA-Fragment eine eindeutige Identifizierung nur dann möglich ist, wenn der Anteil an zu detektierender DNA größer als 1 % ist (Kälin *et al.* 1992).

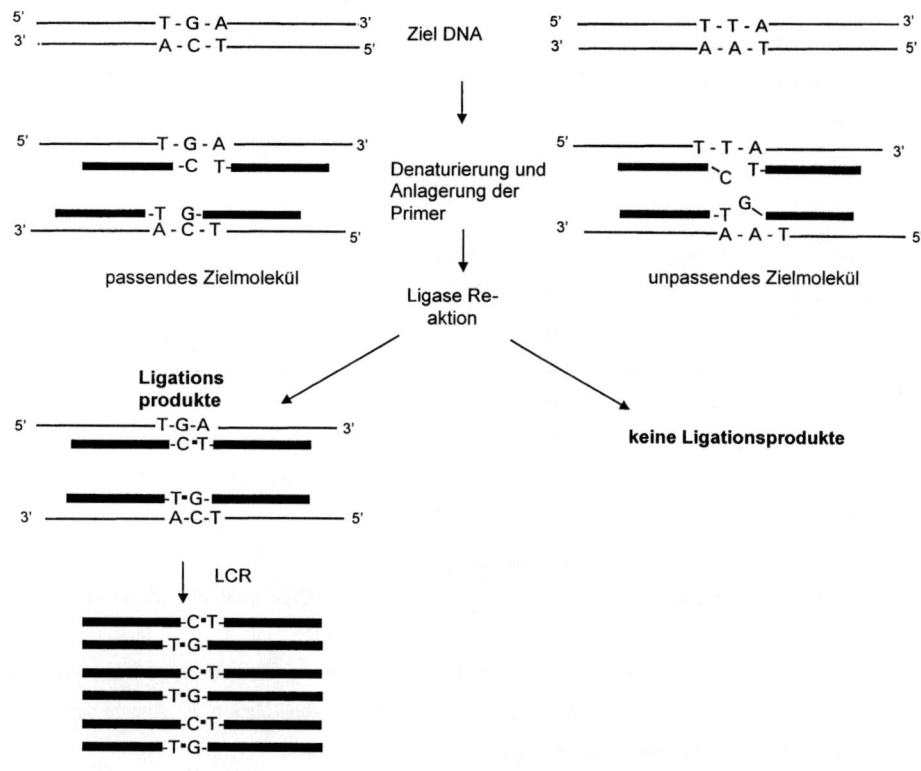

Abb. 3: Schematische Darstellung der Ligase-Kettenreaktion (LCR)

Nach einem initialen Denaturierungsschritt erfolgt die Anlagerung der vier zur Ziel-DNA komplementären Oligonukleotidprimer. Primerpaare, die an ihren 3' Enden komplementär zur Ziel-DNA sind, werden durch die DNA-Ligase kovalent verbunden. Die auf diese Weise entstandenen Ligationsprodukte
dienen in der weiteren Reaktion ebenfalls als Ziel-DNA (linke Seite der Abbildung). Besteht dagegen
ein "Mismatch" an der Primerverbindungsstelle (rechte Seite) kann keine Ligation erfolgen (verändert
nach Wiedmann *et al.* 1994).

Neben der Anwendung zum Nachweis genetisch determinierter Krankheitsbilder, wie z. B.
der cystischen Fibrose (Nickerson *et al.* 1990) oder zur Differenzierung des ß-Globulins von
normalen Zellen und Sichelzellen des Blutes (Barany 1991), kann dieses Verfahren auch zur
Identifizierung von Mikroorganismen herangezogen werden. Hier bieten sich die variablen
Regionen der rDNA an, die spezies-spezifische Polymorphismen aufweisen können. Ein von
Wiedmann *et al.* (1992) entwickelter Assay zur Diskriminierung des humanpathogenen Bak-
teriums *L. monocytogenes* innerhalb der Gattung *Listeria* basiert auf einem Basenaustausch

innerhalb der 16S rRNA Gene. Die erreichte Sensitivität von 10 KBE pro Reaktionsansatz wurde jedoch nur dadurch erzielt, daß der LCR eine Amplifikation der DNA durch eine PCR vorausging (Wiedmann *et al*. 1993). Das von Wilson *et al*. (1993) entwickelte Nachweissystem für das pflanzenpathogene Bakterium *Erwinia stewartii* basiert auf dem gleichen Prinzip.

2.3   Polymerase-Kettenreaktion (PCR)

Das zur Zeit am besten entwickelte *in vitro*-Amplifikationsverfahren mit vielfachen Möglichkeiten der Anwendung ist die PCR. Dabei handelt es sich um eine Methode, die durch den Nachweis eines spezifischen Genfragments die schnelle und selektive Identifizierung von Mikroorganismen in unterschiedlichen Matrices erlaubt. Die zyklisch verlaufende thermische Reaktion besteht aus drei Schritten mit unterschiedlichen Temperaturen (Abb. 4). Im ersten Schritt wird die DNA in Einzelstränge aufgeschmolzen (Denaturierung). Anschließend erfolgt die Anlagerung der Oligonukleotidprimer an die beiden DNA-Matritzen ("Annealing"). Im letzten Schritt werden mit Hilfe einer hitzestabilen DNA-Polymerase die Primer am 3' Ende entsprechend der als Matritze dienenden komplementären DNA-Sequenz verlängert (Polymerisation). Auf diese Weise erhält man eine Zunahme der Amplifikate (N) entsprechend der Formel $N = N_0 (1+E)^n$, wobei N_0 die initiale Anzahl von Molekülen, n die Anzahl der Zyklen und E die Amplifikationseffizienz (mit Werten zwischen 0 und 1) beschreibt. Durch die Verwendung mehrerer Primerpaare in einer Reaktion können unterschiedliche DNA-Matritzen simultan amplifiziert werden ("multiplex PCR"). Eine weitere Möglichkeit ist die Doppel-PCR ("nested PCR"). Dabei wird ein erhaltenes PCR-Produkt mit einer neuen Primerkombination in einer weiteren PCR amplifiziert. Sie wird als Spezifitätskontrolle oder zur Erzielung einer höheren Sensitivität angewendet.

13

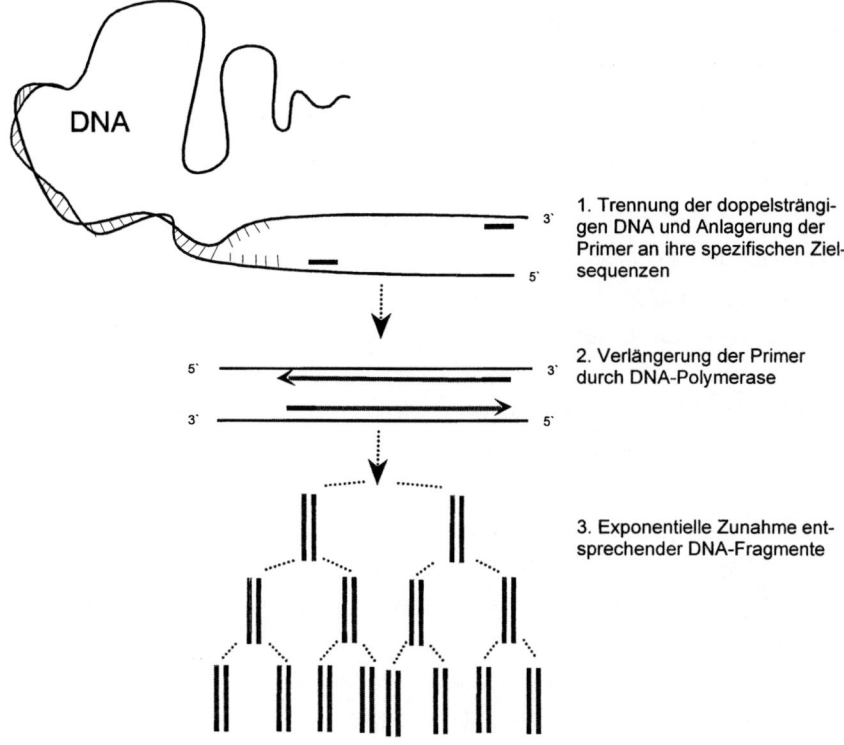

1. Trennung der doppelsträngigen DNA und Anlagerung der Primer an ihre spezifischen Zielsequenzen

2. Verlängerung der Primer durch DNA-Polymerase

3. Exponentielle Zunahme entsprechender DNA-Fragmente

Abb. 4: Prinzip der Polymerase-Kettenreaktion (PCR)

Nach einer initialen Hitzedenaturierung der DNA erfolgt die komplementäre Anlagerung der spezifischen Primer. Mit Hilfe einer DNA-Polymerase werden anschließend die Primer entsprechend der komplementären DNA-Matritze verlängert. Die entstandenen Amplifikate dienen in dem zyklisch verlaufenden Prozeß dann ebenfalls als Ziel-DNA, wodurch es zu einer exponentiellen Zunahme der synthetisierten DNA kommt.

Der Nachweis der gebildeten Amplifikate ist durch die Darstellung in Ethidiumbromid gefärbten Agarosegelen möglich. Zur Verbesserung der Sensitivität sowie zur Verifizierung der Amplifikationsprodukte sollte außerdem ein Southern-Blot und eine anschließende Hybridisierung mit spezifischen Sonden durchgeführt werden. Eine alternative Nachweismöglichkeit bietet die Kopplung der Amplifikate über eine "capture probe" an eine Mikrotiterplatte mit nachfolgender kolorimetrischer oder fluorometrischer Detektion. Die letztgenannte Methode bietet den Vorteil einer möglichen Automatisierung des Nachweisverfahrens, was sowohl zu einer Reduzierung der Kosten als auch der benötigten Zeit beiträgt.

Während die PCR seit ihrer Entdeckung (Mullis *et al.* 1986, Mullis und Faloona 1987) in vielen Bereichen der Molekularbiologie und der medizinischen Diagnostik bereits etabliert ist, findet sie als Nachweismethode im Bereich der Lebensmittelhygiene und -überwachung erst in letzter Zeit Interesse. Seit 1990 wurden beispielsweise hauptsächlich PCR-Systeme zum Nachweis von *L. monocytogenes*, Salmonellen, und *E. coli* in Lebensmitteln entwickelt. Neben diesen sind vereinzelt auch Systeme zum Nachweis von *Campylobacter-*, *Clostridium-*, *Lactobacillus-* und *Vibrio*-Spezies sowie für verschiedene Viren beschrieben. In Tabelle 1 (siehe Seite 22 ff) wird ein Überblick über PCR-Systeme zum Nachweis von Bakterien und Viren in Lebensmitteln gegeben.

Die Spezifität einer PCR wird in erster Linie durch die verwendeten Oligonukleotide (Primer) bestimmt, deren Sequenz für die nachzuweisenden Mikroorganismen spezifisch sein sollte. Weiterhin müssen die Reaktionsbedingungen (Thermoprofil) und Reagenzien (Reaktionspuffer, Mg^{2+}-Ionen- und Primerkonzentration) für jedes System optimiert werden, um eine unspezifische Hybridisierung der Primer auszuschließen. Durch den zusätzlichen Einsatz von Sonden oder durch einen Restriktionsverdau des PCR-Produkts wird die Spezifität des Nachweises verifiziert.

Die Sensitivität eines PCR-Systems, abgesehen von den Reaktionsbedingungen, hängt zum einen von der verwendeten DNA-Präparationsmethode sowie in großem Umfang auch von der Lebensmittelmatrix ab. Die Nachweisgrenze von Mikroorganismen aus Lebensmitteln ist im Vergleich zu Mikroorganismen aus einer Reinkultur geringer (Way *et al.* 1993). Untersuchungen von Herman und De Ridder (1993) machen z. B. den Einfluß von Käsebestandteilen auf die Sensitivität eines PCR-Systems deutlich. Die Nachweisgrenze für *L. monocytogenes* in einer Reinkultur lag bei 1 bis 10 Bakterien ml^{-1} . Dagegen wurde das Detektionslimit in Abhängigkeit zur untersuchten Käsesorte zwischen 1 und 10^6 Bakterien ml^{-1} ermittelt. Ein weiterer wichtiger Faktor ist das Detektionssystem. Viele Systeme basieren ausschließlich auf der Darstellung der Amplifikate in einem Agarosegel (Tab. 1). Durch die zusätzliche Hybridisierung mit einer spezifischen Sonde kann neben der Verifizierung eines Ergebnisses eine erhebliche Sensitivitätssteigerung erzielt werden (Widjojoatmodjo *et al.* 1991, Rijpens *et al.* 1996). Eine weitere Möglichkeit zur Erhöhung der Sensitivität bieten Detektionssysteme, die im Gegensatz zu einer kolorimetrischen Detektion auf der Grundlage der Chemolumineszenz aufgebaut sind (Soumet *et al.* 1995). Auch durch eine "nested PCR" kann die Sensitivität verbessert werden, allerdings ist dabei das Kontaminationsrisiko durch PCR-Amplifikate erhöht.

PCR-Systeme, die den Vorteil von mehrfach im Genom vorhandenen Sequenzen (z. B. rDNA Gene, IS-Elemente) nutzen, sind generell sensitiver als solche, die auf einfach im Genom vorhandenen Sequenzen basieren.

Die Kombination der PCR mit DNA-Sonden ist somit eine Technik, die eine schnelle und zuverlässige Identifizierung von Mikroorganismen in der Lebensmittelmikrobiologie und Hygieneüberwachung ermöglicht. Neben den bereits erwähnten Anwendungsmöglichkeiten kann diese Methodik auch zur Überprüfung von Starterkulturen in der Lebensmittelindustrie verwendet werden.

2.3.1 "Grenzen der PCR"

2.3.1.1 Differenzierung zwischen lebenden und toten Mikroorganismen

Ein durch die PCR erhaltenes Amplifikat weist nur auf die Anwesenheit einer spezifischen Nukleinsäure hin, es sagt jedoch nichts über die Lebensfähigkeit der Zielorganismen aus. Ein positives Signal ist somit nicht gleichzeitig der Nachweis für lebende Mikroorganismen. Der Ausschluß von toten Mikroorganismen kann z. B. durch eine Kultivierungsphase vor der PCR zum Zwecke der Anreicherung lebender Mikroorganismen erreicht werden. Auf diesem Wege ist es möglich, sowohl den Nachweis lebender Zellen als auch gleichzeitig eine Verbesserung der Sensitivität des PCR-Systems zu gewährleisten.

Über die Selektion lebender Mikroorganismen mit Hilfe antikörperbeschichteter paramagnetischer Partikel wird nur von wenigen Autoren berichtet (Fluit *et al.* 1993a, 1993b, Grant *et al.* 1993, Kapperud *et al.* 1993). Hornes *et al.* (1991) zeigten jedoch, daß auch nicht lebensfähige ("non viable") Bakterien mit einem noch intakten Zelloberflächenantigenmuster durch die Anwendung der Immunomagnetischen Separation (IMS) angereichert werden. Ein sicherer Ausschluß falsch positiver Ergebnisse wäre durch den direkten PCR-Nachweis der über diese Technik gewonnenen Bakterien somit nicht gewährleistet.

Ein Zeichen für einen aktiven Metabolismus und damit der Nachweis der Lebensfähigkeit von Mikroorganismen ist das Vorhandensein intakter RNA. Durch die Gewinnung von mRNA mit anschließender reverser Transkription (RT) sowie den Einsatz der cDNA in einer PCR wurden von verschiedenen Arbeitsgruppen ausschließlich lebende Mikroorganismen nachgewiesen (Bej *et al.* 1991c, Patel *et al.* 1993, Bej *et al.* 1996, Klein und Juneja 1997). Da die Halbwertzeit von mRNA jedoch mitunter nur wenige Minuten beträgt (Har-El *et al.* 1979, Cai und

Winkler 1993, Alifano *et al.* 1994), kann es problematisch sein, intakte mRNA zu isolieren (Patel *et al.* 1991). Ob die Wahl von rRNA als Zielmolekül für den Nachweis der Lebensfähigkeit von Mikroorganismen als eine Möglichkeit angesehen werden kann, diese Schwierigkeiten zu umgehen, wird unterschiedlich beurteilt. Die Annahme, daß rRNA zur Beurteilung der Lebensfähigkeit eines Organismus verwendet werden kann, bestätigen die Untersuchungen von Silva *et al.* (1987). Sie konnten zeigen, daß ein Zusammenhang zwischen dem Zelltod von Mikroorganismen und dem Abbau der Ribosomen besteht. Untersuchungen von van der Vliet *et al.* (1994) zeigen eine Korrelation zwischen der Zahl überlebender Mykobakterien, die dem Bakterizid Rifampicin ausgesetzt wurden, und der nachweisbaren 16S rRNA. Im Gegensatz dazu konnte auch noch 16 Stunden nach der Abtötung durch Hitze oder Ethanol 16S rRNA aus *E. coli* nachgewiesen werden (Sheridan *et al.* 1998). Ebenso konnten McKillip *et al.* (1998) bis zu 48 Stunden nach einer Hitzeinaktivierung bzw. UV-Bestrahlung 16S rRNA aus *E. coli* und *S. aureus* nachweisen.

Die Isolierung und der Nachweis von RNA ist jedoch im Vergleich zur DNA technisch schwieriger und arbeitsaufwendiger. Desweiteren kann der PCR-Nachweis von mRNA im Vergleich zu DNA mit einem Sensitivitätsverlust einhergehen. Bej *et al.* (1991c) berichten in diesem Zusammenhang von einer 1000 fach geringeren Sensitivität bei der Amplifikation von mRNA durch eine RT-PCR im Vergleich zur Amplifikation von DNA zum Nachweis von *L. pneumophila*. Weiterhin ist eine Korrelation zwischen dem Nachweis von RNA und der Lebensfähigkeit von Bakterien jedoch auch weitgehend abhängig von der Art ihrer Inaktivierung (Tolker-Nielsen *et al.* 1997, McKillip *et al.* 1998, Sheridan *et al.* 1998). Die Faktoren, welche die Stabilität der RNA toter Zellen beeinflussen müßten deshalb weiter untersucht werden, bevor der generelle Einsatz dieses Moleküls als Indikator für die Lebensfähigkeit von Mikroorganismen beurteilt werden kann.

2.3.1.2   Inhibition der PCR

Als Ursache für falsch negative Ergebnisse spielen bei der Anwendung der PCR im Zusammenhang mit Lebensmitteln inhibitorische Substanzen eine große Rolle. Die genauen Wirkungsmechanismen, die zu einer Inhibition der PCR führen, sind bisher kaum untersucht. Zum einen wäre die Anwesenheit von Substanzen zu nennen, die zur Komplexierung von Magnesium-Ionen führen. Ein weiterer Grund könnte die Degradierung sowohl der Ziel-DNA als auch der Primer durch Nukleasen sein. In vielen Fällen wird jedoch die DNA-Polymerase direkt inhibiert. Zur Verhinderung falsch negativer Ergebnisse ist es deshalb unerläßlich, die Amplifizierbarkeit der verwendeten DNA in einer Probe zu belegen. Dies ist möglich durch die Amplifikation einer Kontroll-DNA in derselben oder in einer gesonderten Reaktion. Bei der zuletzt genannten Möglichkeit besteht jedoch der Nachteil, daß die Reaktionsbedingungen in verschiedenen Ansätzen nicht identisch sind. Werden verschiedene Primerpaare in einer Reaktion zur Amplifikation der spezifisch nachzuweisenden Gensequenz und der Kontrollsequenz verwendet ("multiplex PCR"), kann es ebenfalls zu unterschiedlichen Amplifikationseffizienzen kommen. Die beste Methode zum Ausschluß von PCR-Inhibitoren ist der Zusatz eines internen Standards (Ulrich *et al.* 1993, Cave *et al.* 1994, Jin *et al.* 1994, Kolk *et al.* 1994). Dabei handelt es sich um eine Kontroll-DNA, die in einer definierten Menge der Amplifikationsreaktion zugesetzt und parallel amplifiziert wird. Bei einer kompetitiven PCR werden auf diese Weise die Ziel-DNA und die Kontroll-DNA mit demselben Primerpaar amplifiziert. Um vergleichbare Amplifikationseffizienzen zu gewährleisten, sollten sich die Ziel- und Kontroll-DNA sowohl in ihrer Sequenz als auch in ihrer Größe nur gering unterscheiden.

2.3.1.2.1   Inhibierende Substanzen

Der Einfluß verschiedener Substanzen auf die Amplifikation der DNA in einer PCR wurde von verschiedenen Autoren beschrieben (Demeke und Adams 1992, Ahokas und Erkkila 1993, Katcher und Schwartz 1994, Wiedbrauk *et al.* 1995). Durch Zugabe verschiedener homogenisierter Lebensmittel wie z. B. Kochschinken, Salami, Hühnchensalat oder Käse in die PCR stellten Rossen *et al.* (1992) fest, daß das Ausmaß der Inhibition überwiegend von der Art des Lebensmittels abhängig war. So konnte eine komplette Inhibition der PCR beim Zusatz von verschiedenen Weichkäsesorten bei allen getesteten Konzentrationen beobachtet werden. Eine signifikante Reduktion der PCR-Inhibition war durch die Extraktion mit heißer NaOH/SDS-Lösung zu erzielen. Untersuchungen von Herman und De Ridder (1993) bestätigen den Einfluß der Käsesorte auf die Sensitivität der PCR. Studien zu den absoluten Mengen von Lebensmittelzusätzen in der PCR zeigten, daß relativ große Mengen von Öl, Salz, Kohlenhydraten und Aminosäuren keinen inhibitorischen Effekt haben (Rossen *et al.* 1992). Der Zusatz von Caseinhydrolysat (> 0.1% w/v des PCR-Ansatzes) verursachte jedoch Probleme, die wahrscheinlich im Zusammenhang mit der Koagulation des Proteins während der PCR zu sehen sind. Außerdem wurden Calcium-Ionen als potentielle Inhibitoren einer *Listerien*-spezifischen PCR aus Milch ermittelt (Bickley *et al.* 1996). Durch die kompetitive Wechsel-

wirkung zwischen Calcium- und Magnesium-Ionen wurde die Amplifikationseffizienz ursächlich beeinträchtigt.

Kulturmedien und ihre Einzelkomponenten sowie Lösungen, die zur DNA-Extraktion verwendet werden, haben größtenteils keinen inhibitorischen Einfluß auf die PCR (Rossen *et al.*
1992). Allerdings konnte bei Zusätzen wie Eisen-Ammoniumcitrat, Gallensalze, Esculin und
Acriflavin der inhibitorische Effekt erst durch eine 10- bis 50 fache Verdünnung aufgehoben
werden. Weiterhin konnte der inhibitorische Effekt ionischer Detergenzien (Natrium Deoxy-
cholat, Sarkosyl, Natriumdodecylsulfat) gezeigt werden. Auch durch den Einsatz unspezifischer DNA wurde eine Beinträchtigung der PCR-Effizienz beschrieben. Die komplette Inhibition der PCR wurde durch den Zusatz von 0,4 mg unspezifischer DNA in einem 100 µl Re-
aktionsgemisch erreicht (Rossen *et al.* 1992). Eine Verringerung der Dot-Blot Signale um den
Faktor 50 konnte durch den Zusatz von 1 µg Negativ-DNA zu 10 ng Positiv-DNA im Vergleich zu Amplifikationen ohne Negativ-DNA beobachtet werden (Abbott *et al.* 1988).

2.3.1.2.2   Verhinderung der PCR Inhibition

Von den verschiedenen zur Verfügung stehenden Möglichkeiten zur Vermeidung einer Inhibition der PCR stellt die Verdünnung der zu untersuchenden Lebensmittelprobe die einfachste
Lösung dar. Sie kann jedoch mit einem drastischen Sensitivitätsverlust einhergehen und ist
somit nicht geeignet, wenn die DNA der limitierende Faktor ist. Eine weitere Möglichkeit
stellt die Isolierung der nachzuweisenden Mikroorganismen nach Abtrennung von der Lebensmittelmatrix im Gegensatz zur Gesamt-DNA-Extraktion einer Probe dar. Durch eine
Subkultur von Bakterien auf Selektivmedien mit anschließender PCR kann eine Inhibition
weitgehend ausgeschlossen werden (Furrer *et al.* 1991, Golsteyn Thomas *et al.* 1991). In diesem Fall trägt die PCR jedoch nur zur Verifizierung von Mikroorganismen-Kolonien bei. Der
entscheidende Vorteil einer möglichen Zeitersparnis durch den Einsatz der PCR ist durch eine
aufwendige Kultivierung nicht mehr gegeben. Zur Abtrennung der Lebensmittelmatrix läßt
sich häufig auch eine differentielle Zentrifugation einsetzen (Gasch *et al.* 1997). Einerseits
geht diese Methode mit einem Sensitivitätsverlust durch die Zellseparation einher, andererseits gelingt es in vielen Fällen nicht, die Lebensmittelmatrix völlig abzutrennen. Hier besteht
mit dem Einsatz der Immuno Magnetischen Separation (IMS) die Möglichkeit, Mikroorganismen zu isolieren ohne dabei DNA-Polymerase hemmende Substanzen anzureichern (Fluit
et al. 1993a, 1993b, Kapperud *et al.* 1993, Widjojoatmodjo *et al.* 1992).

Bisherige Erfahrungen mit den oben genannten Verfahren belegen, daß es bei der Vielfalt der Lebensmittelmatrices meistens nicht gelingt, vorhandene PCR-Inhibitoren völlig zu eliminieren. Eine zusätzliche Reinigung der isolierten DNA ist deshalb für viele Anwendungsbereiche erforderlich. DNA-Reinigungssysteme auf der Basis einer Gelfiltration oder Anionenaustausch-Säulen werden heute durch Systeme ergänzt, die auf dem Adhäsionseffekt von Nukleinsäuren an Silikatpartikeln basieren. Da die Reinigungssysteme sowohl in der Reinigungseffizienz als auch bezüglich der DNA-Verluste große Unterschiede aufweisen können, erfordert jede Anwendung ein optimiertes Protokoll. Von einer effizienten Entfernung eines nicht näher beschriebenen PCR-Inhibitors von einzelsträngiger DNA, die aus Lymphozyten isoliert wurde, berichten Franchis *et al.* (1988). Nur eine Kombination von Hitzedenaturierung der DNA mit anschließender Gelfiltration konnte eine Inhibition der PCR verhindern.

Flüssigkeiten oder Lösungen mit potentiellen PCR-Inhibitoren können mit Hilfe einer Dialyse oder der Anwendung von Ultrafiltrationssystemen gereinigt werden. Dialyseverfahren sind jedoch sehr zeitaufwendig, so daß sich kommerziell erhältliche Ultrafiltrationsysteme durchgesetzt haben (Khan *et al.* 1991).

Eine sehr einfache Methode ist die Anwendung von Chelex® 100, einem Chelatbildner mit einer hohen Affinität zu polyvalenten Metallionen. Der Wirkmechanismus dieser Substanz ist unklar, aber potentiell inhibitorisch wirkende Substanzen werden daran gehindert, die enzymatische Aktivität der DNA-Polymerase zu beinträchtigen. Neben einem protektiven Effekt, der die Degradierung der DNA in Gegenwart von Metallionen bei hohen Temperaturen verhindert (Singer-Sam *et al.* 1989), wird eine Verbesserung der Lyse *Gram*-positiver Bakterien beschrieben (Walsh *et al.* 1991). Da durch die Erhitzung unter alkalischen Bedingungen die Denaturierung der DNA gefördert wird, könnte es somit in einem gewissen Umfang zur Verbesserung der PCR beitragen (Poli *et al.* 1993).

PCR-Inhibitionen, die durch eine Verunreinigung der Proben mit endogenen Proteasen bedingt sind, können durch den Zusatz von Rinderserumalbumin (BSA) beseitigt werden (Powell *et al.* 1994). So konnte z. B. eine PCR-Inhibition - verursacht durch Milch - am besten durch den Zusatz von BSA, gefolgt von Sojabohnen-Trypsin-Inhibitor sowie Alpha-Makroglobulin verhindert werden. Eine partielle Minderung wurde durch den Zusatz von Pepstatin A and Limabohnen Trypsin Inhibitor erzielt. Der Zusatz von BSA oder dem T4 Gen 32 Protein (Einzelstrang DNA bindendes Protein) zu PCR-Gemischen mit bekannten und unbekannten PCR-Inhibitoren resultierte in einem 10- bis 1000 fach höheren Einsatz dieser Extrakte. PCR-Inhibitionen, die durch den Zusatz von BSA gemildert oder aufgehoben werden konnten, enthielten Substanzen mit phenolischen Gruppen. Phenole wiederum binden an Proteine über die Ausbildung von Wasserstoffbrücken am peptischen Sauerstoffatom. Somit ist eine mögliche Erklärung für die Aufhebung der Inaktivierung der DNA-Polymerase, daß durch den Zusatz von BSA eine Reihe von Substanzen gebunden werden (Kreader 1996). Eine Verminderung der PCR-Inhibition durch den Zusatz von 1 - 5 % (v/v) BLOTTO (10 % skimmed milk powder, 0,2 % NaN$_3$) im Zusammenhang mit der Verwendung von DNA-Extrakten pflanzlicher Herkunft beschreiben De Boer et al. (1995). Polyphenolische Substanzen, die nachweislich in diesen DNA-Extrakten vorhanden sind und als Ursache der PCR-Inhibition angesehen werden können, werden wahrscheinlich durch einen ähnlichen Mechanismus eliminiert.

Untersuchungen mit DNA-Polymerasen von verschiedenen thermostabilen Mikroorganismen zeigten, daß das Ausmaß einer Inhibition auch von der Art der Polymerase abhängen kann. In einer vergleichenden Untersuchung mit neun unterschiedlichen DNA-Polymerasen zeigten Al-Soud und Radström (1998), daß die DNA-Polymerase aus *Thermus aquaticus* in Gegenwart von 0,004 % Blut inhibiert wurde, während die Amplifikation mit DNA-Polymerasen aus *Thermus ubiquatous*, aus *Pyrococcus woesei*, aus *Thermus thermophilus* sowie aus *Thermus flavus* in Gegenwart von 20 % Blut ohne Sensitivitätsverluste einhergingen. Ebenso waren die DNA-Polymerasen von *Thermus thermophilus* und *Thermus flavus* resistent gegenüber einer Substanz, von der bekannt ist, daß sie die DNA-Polymerase von *Thermus aquaticus* inhibiert (Katcher und Schwartz 1994, Wiedbrauk et al. 1995).

3 Schlußfolgerungen

Der allgemeine Fortschritt der DNA-Technologien ermöglicht auch im Bereich der Lebensmittelhygiene und -überwachung den sinnvollen Einsatz von Methoden, die auf dem Nachweis von Nukleinsäuren eines Mikroorganismus basieren. Die direkten Hybridisierungstechniken weisen gegenüber den biochemischen und immunchemischen Methoden zwar eine höhere Spezifität auf, jedoch erreichen sie nicht die geforderte Sensitivität. Erst die Entwicklung verschiedener *in vitro*-Amplifikationstechniken ermöglichte spezifische und zugleich sensitive Methoden zum Nachweis und zur Identifizierung von Mikroorganismen. Die PCR hat sich unter den *in vitro*-Amplifikationmethoden am meisten durchgesetzt, da sie spezifisch, sensitiv und schnell durchzuführen ist. Innerhalb der vergangenen 10 Jahre wurden verschiedene PCR-Systeme zum Nachweis von pathogenen oder Verderbsmikroorganismen in Lebensmitteln entwickelt. Die erzielten Nachweisgrenzen für die meisten PCR-Systeme variieren in Abhängigkeit der gewählten Genregion und der Nachweismethode zwischen $1 - 10^4$ KBE Gramm^{-1}. Die Sensitivität wird jedoch nicht nur durch diese Faktoren, sondern zu einem erheblichen Anteil durch die Lebensmittelmatrix beeinflußt. Zum Beispiel stellen bestimmte Weichkäsesorten (Danish Brie, Brussels cheese, Fourme d'Ambert, Ziegenkäse) aufgrund vorhandener PCR-Inhibitoren extrem schwierige Matrices dar (Tab. 1). Deshalb ist eine individuelle Bearbeitung jeder Matrix unerläßlich, um die notwendige Sensitivität zu erreichen. Die Adaption eines PCR-Systems an eine Lebensmittelmatrix ist zweifelsfrei ein zeitaufwendiger Prozeß, jedoch entscheidend für den Erfolg dieser Methode.

Vergleichende Untersuchungen von konventionellen mikrobiologischen Verfahren mit dem Nachweis von Mikroorganismen mittels der PCR belegen eindeutig die höhere Nachweisrate durch die letztgenannte Methode (Allmann *et al.* 1995). Dies kann einerseits auf einer generell höheren Sensitivität der Methode basieren. Jedoch besteht andererseits auch die Möglichkeit der Erfassung von Mikroorganismen, die nicht mehr kultivierbar sind. Die Differenzierung zwischen kultivierbaren und nicht-kultivierbaren, aber dennoch lebenden Mikroorganismen ist deshalb nötig. Das kann durch eine Kultivierung der Mikroorganismen erfolgen, die einem PCR-Nachweis vorangeht. Handelt es sich um Mikroorganismen, die nicht kultivierbar sind, kann die Lebensfähigkeit durch die Isolierung von RNA und nachfolgender RT-PCR oder mit Hilfe von RNA-Amplifikationstechniken belegt werden.

Methoden, die auf einem Nukleinsäure-Nachweis von Mikroorganismen basieren, allen voran die PCR, werden nach und nach die traditionellen Methoden im Bereich der Lebensmittelmikrobiologie ergänzen und diese in absehbarer Zeit ersetzen. Schon heute wird die PCR zum Nachweis gentechnisch veränderter Lebensmittel verwendet (Amtliche Sammlung von Untersuchungsverfahren nach § 35 LMBG).

Da die meisten PCR-Systeme auf der Grundlage von artifiziell inokulierten Lebensmitteln etabliert wurden, ist die Adaption sowie eine Validierung mit natürlich kontaminierten Lebensmitteln dringend nötig. Mit Hilfe der PCR ist zwar eine schnelle Methode vorhanden, jedoch ist sie für den Einsatz in der Routine bei großem Probenaufkommen noch relativ zeitaufwendig. Die Entwicklung und Verfügbarkeit von Kits ist deshalb ein wesentlicher Fortschritt für den zukünftigen Einsatz. Somit könnte eine Standardisierung erreicht werden, die eine Grundvoraussetzung für die Zulassung als amtliche Methode in der Lebensmittelüberwachung wäre.

Tab. 1: PCR-Systeme zum Nachweis von Bakterien und Viren in Lebensmitteln

Mikroorganismus	Nahrungsmittel	Genregion	Nachweissystem	Nachweisgrenze	Referenz
Brochothrix spp.	Hühnerfleisch	variable Region der 16S rRNA	IMS, Gel, Dot Blot oder Southern Blot, Fluoreszein-markierte Sonde	> 10² KBE/g	Grant *et al.* (1993)
Brucella spp.	rohe Milch	16S - 23S rRNA Spacer	PCR / nested PCR, Gel und LiPA Hybridisierung	2.8 x 10⁵ und 2.8 x 10⁴ KBE/ml 2.8 x 10² KBE/ml mit nested PCR	Rijpens *et al.* (1996)
Campylobacter jejuni	Fleisch, Früchte, Gemüse	keine näheren Angaben	nested PCR, Gel	10² KBE/ml	Winters *et al.* (1998)
Campylobacter coli, *C. jejuni*	Wasser	*flaA* und *flaB* (Flagellin) Gene	seminested PCR, Gel	10 - 20 KBE/ml	Kirk und Rowe (1994)
C. jejuni *C. coli*	rohe Milch, Molkereiprodukte	intergenische Sequenz zwischen *flaA* und *flaB* (Flagellin Gene)	seminested PCR, Gel	100 KBE/ml 10 KBE/g	Wegmüller *et al.* (1993)
Campylobacter lari, *C. jejuni, C. coli*	Hühnerprodukte	16S rRNA Gene	Gel und Southern Blot, Dot Blot, radioaktive Oligonukleotidsonde	500 KBE/ml Kulturmedium	Giesendorf *et al.* (1992)
Carnobacterium spec.	Fleisch	16S rRNA Gen	Gel, radioaktive und nicht- radioaktive Oligonukleotidsonde	< 10 KBE/ml	Brooks *et al.* (1992)
Clostridium botulinum Typ A, B, E, F	Honig, Spargel	Botulinum Neurotoxin Gene	Gel, Southern Blot, Fluoreszeinmarkierte Sonde	1 KBE/10 g nach 18 h Anreicherung	Aranda *et al.* (1997)
C. botulinum Typ A, B, E	Milch, Fleischsaft, Thunfisch in Dosen, Pilze, Wurst	Botulinum Toxin codierende Gene	Gel	4 KBE/g nach 48 h Anreicherung	Szabo *et al.* (1994)
Clostridium spec.	Gemüse in Dosen, ungekochtes und gekochtes Fleisch	Botulinum Neurotoxin Gene	Gel, Southern Blot, Dig-markierte Sonde	10 KBE/g nach 18 h Anreicherung	Fach *et al.* (1995)
C. botulinum	Gemüse in Dosen, ungekochtes und gekochtes Fleisch	Neurotoxin A Gen	Gel, Southern Blot, Oligonukleotidsonde	10 - 10³ KBE/g	Fach *et al.* (1993)
Clostridium perfringens	verschiedene Nahrungsmittel (keine näheren Angaben)	Phospholipase C gen, Enterotoxin Gen	Duplex PCR	10⁵ KBE/g 10 KBE/g nach 18 h Anreicherung	Fach und Popoff (1997)
C. perfringens	Hühnerbeine	16S rDNA	Gel	1 KBE/5g	Wang *et al.* (1994)
E. coli, SLT-bildend (SLTEC)	Hackfleisch	*sltI* Gen (= Verotoxin 1 Gen)	spektrometrische Quantifizierung der Fluoreszenzintensitäten des Reporterfarbstoffs FAM und des Quencherfarbstoffs TAMRA	10 +/- 5 KBE/PCR 1 KBE/2g nach 12 h Anreicherung	Witham *et al.* (1996)
E. coli O157	rohe Hamburger, rohe Milch, Austern, Bohnensprossen	*sltI* Gen, *sltII* Gen (= Verotoxin 1 und 2 Gen)	IMS, multiplex PCR, Gel	1 - 10 Bakterien/g	Jinneman *et al.* (1995)
E. coli, Verotoxinbildend	Hackfleisch, rohe Hamburger	Verotoxin 1 und 2 Gen	IMS, Gel	1 - 6 Bakterien/g	Baumgartner und Grand (1995)

Tab. 1: Fortsetzung

Mikroorganismus	Nahrungsmittel	Genregion	Nachweissystem	Nachweisgrenze	Referenz
E. coli, SLT bildend	Hackfleisch	slt (shiga like toxin) Gen	Gel	1 KBE/g nach 6 h Anreicherung	Gannon et al. (1992)
E. coli, enteroinvasiv	Meeresfrüchte, Salat, Molkereiprodukte	EIEC Virulenz Plasmid	Restriktionsverdau, Gel	10³ KBE/ml	Andersen und Omiecinski (1992)
E. coli, enterotoxisch	Hackfleisch	Hitzelabiles (LT) Enterotoxin Gen	Gel, Southern Blot, radioaktive Oligonukleotidsonde	10⁴ KBE/ml	Wernars et al. (1991b)
E. coli	Weichkäse, Wasser	malB Operon (E. coli) LTI (hitzelabiles Enterotoxin)	Gel, Dot Blot	10³ KBE/g	Meyer et al. (1991)
E. coli, Coliforme	Wasser	uidA Gen (β-Glucuronidase)	PCR, Gel	Bestätigung von Isolaten nach 18 - 24 h Inkubation	Fricker und Frikker (1994)
E. coli, Shigella spp.	Wasser	uidA Gen	PCR, Gel, radioaktiv markierte Sonde	10 fg genomische DNA = 1 - 2 Bakterien/PCR	Bej et al. (1991a)
E. coli, Coliforme	Wasser	lacZ (ß-Galactosidase) und uidA (β-Glucuronidase) Gene	multiplex PCR, Gel und Southern Blot, Dot Blot	1 Zelle/PCR	Bej et al. (1991b)
Coliforme	Wasser	lacZ Gen, lamB Gen (Oberflächenprotein)	Gel, 50-mer radioaktiv markierte Sonde	1 - 5 Bakterien/100 ml Wasser	Bej et al. (1990a)
Coliforme, Legionella spec.	Wasser	lacZ Gen, lamB Gen, 5S rRNA, mip Gen ("macrophage infectivity potentiator")	multiplex PCR, immobilisierte Biotin- oder radioaktiv markierte Fangsonde	1 - 2 Bakterien	Bej et al. (1990b)
Legionella pneumophila, Legionella spec.	Wasser	5S rRNA	reverser Dot Blot mit immobilisierter Sonde	10² KBE/ml	Atlas et al. (1995)
Lactobacillus brevis	Bier	5S rRNA	Membranfiltration, 5% Polyacrylamidgel	>1 KBE/250 ml Bier	Tsuchiya et al. (1993)
L. brevis, Saccharomyces cerevisiae	Bier	5S rRNA	Membranfiltration, 8 % Polyacrylamidgel	30 KBE/250 ml Bier (L. brevis)	Tsuchiya et al. (1992)
Lactobacillus spec.	Bier	16S rRNA	Gel	20 KBE/ml Bier	Di Michele und Lewis (1993)
Listeria monocytogenes	Fisch und -produkte	Listeriolysin O Gen, iap Gen (invasionsassoziiertes Protein)	Gel	1 – 5 KBE / 5 Gramm nach 2 x 24 h kultureller Anreicherung	Agersborg et al. (1997)
L. monocytogenes	Forelle	Listeriolysin O Gen	Dot Blot Hybridisierung, Biotin-markierte Oligonukleotidsonde	10 – 100 KBE/g nach 4 h kultureller Anreicherung	Ericson und Stalhandske (1997)
L. monocytogenes	250 Lebensmittel	Listeriolysin O Gen	Gel	100 KBE/ml	Bansal (1996)
L. monocytogenes	Milch	Listeriolysin O Gen	Gel	keine Angaben	Bickley et al. (1996)
L. monocytogenes	kaltgeräucherter Lachs	prfA Gen (Transkriptions-aktivierendes Protein)	nested PCR, Gel	100 KBE/g	Simon et al. (1996)

Tab. 1: Fortsetzung

Mikroorganismus	Nahrungsmittel	Genregion	Nachweissystem	Nachweisgrenze	Referenz
L. monocytogenes, Listeria spec.	Molkereiprodukte	16S rRNA (Listeria Spezies), iap Gen	Identifizierung von L. m. Kolonien durch multiplex PCR, Gel	natürliche Kontamination	Herman et al. (1995a)
L. monocytogenes	rohe Milch	Listeriolysin O Gen	nested PCR, Gel	5 - 10 KBE/25 ml	Herman et al. (1995b)
L. monocytogenes, Listeria spec.	Käse, Hackfleisch	LA1/LB1 polyklonaler Antikörper gegen L. monocytogenes	Gel	2×10^3 KBE/g	Makino et al. (1995)
L. monocytogenes, Aerococcus viridans, Yersinia enterocolitica	Käse, Krautsalat, rohes Hühnerfleisch	prfA Gen, 16S rRNA Gen, ail Gen	Gel	$10^3 - 10^4$ KBE/g	Dickinson et al. (1995)
L. monocytogenes	Mozzarella, Salat, Wasser	prfA Gen	Gel	30 KBE/ml	Salzano et al. (1995)
L. monocytogenes	Weichkäse	16S rRNA	Gel	10^4 KBE/ml Käse Homogenat	Lantz et al. (1994)
L. monocytogenes	Milch	prfA Gen, hlyA (Hämolysin) Gen plcB Gen	Gel	10^2 KBE/ml Milch	Cooray et al. (1994)
L. monocytogenes	Käse	Listeriolysin O Gen	IMS, Gel	1 KBE/g nach 48 h Kultur	Fluit et al. (1993a)
L. monocytogenes	verschiedene Käse	Listeriolysin O Gen	Gel	$10 - 10^6$ KBE/ml Kultur	Herman und De Ridder (1993)
L. monocytogenes	Weichkäse, Käse	hlyA Gen, iap Gen	Gel	keine Angaben	Niederhauser et al. (1993)
L. monocytogenes	Milch	hlyA Promotor Region	Gel	1 KBE/300 ml	Starbuck et al. (1992)
L.monocytogenes	rohe Hühnerhaut, Weichkäse	hlyA Gen	Gel	Huhn, Weichkäse 10 - 100 KBE/g, komplexe Lebensmittel 10^4 KBE/g	Fitter et al. (1992)
L. monocytogenes	Fleisch, Gemüse, Meeresfrüchte	hlyA Gen, iap Gen	Gel	1 KBE/g, nach unselektiver und selektiver Anreicherung	Niederhauser et al. (1992)
L. monocytogenes	Käse, Geflügel	Zelloberflächenprotein assoziiertes Gen	Gel	4 - 10 KBE/PCR	Wang et al. (1992a)
L. monocytogenes	Hühner-, Schweine-, Rindfleisch	16S rRNA	Gel, Dot Blot, ^{32}P-markierte Sonde	2×10^4 KBE/ml	Wang et al. (1992b)
L. monocytogenes	Milch, Fleisch, Eiscreme, Huhn, Wurst	hly Gen	Gel	100 Bakterien/ml Kultur	Bohnert et al. (1992)
L. monocytogenes	Milch, Kochwurst	α/ß Hämolysin Gene	Gel, Southern Blot, Oligonukleotidsonde	10 Bakterien/10 ml Milch, keine Angaben zu Kochwurst	Furrer et al. (1991)
L. monocytogenes	Käse, Salat mit Mayonaise, Fleisch	Hämolysin Gene	Gel	$2 - 5 \times 10^5$ KBE/ml	Rossen et al. (1991)

Tab. 1: Fortsetzung

Mikroorganismus	Nahrungsmittel	Genregion	Nachweissystem	Nachweisgrenze	Referenz
L. monocytogenes	Milch, Hackfleisch vom Rind	Listeriolysin O Gen	Gel, Oligonukleotidsonde	100 KBE nach selektiver Anreicherung auf Agarmedium	Golsteyn Thomas et al. (1991)
L. monocytogenes	Weichkäse	*dth 18* Gen	Gel und ^{32}P-markierte Oligonukleotidsosnde	$2 \times 10^3 - 2 \times 10^8$ KBE/g	Wernars et al. (1991a)
L. monocytogenes	Milch	Listeriolysin O Gen	Gel	10^5 KBE/ml	Bessesen et al. (1990)
Mycobacterium paratuberculosis	Milch	Insertionselement (IS 9000)	Gel und Southern Blot oder Dot Blot, radioaktiv markierte Innenamplifikatsonde (229 bp)	200 - 300 KBE/ml	Millar et al. (1996)
Salmonella Serovar Typhimurium	Geflügel, Hackfleisch, Fisch	*invA* Gen	Gel, Restriktionsspaltung der Amplifikate	$10^3 - 10^6$ KBE/ml	Cocolin et al. (1998)
Salmonella enterica	Eiweiß	*iroB* Gen	IMS, Gel	10^5 KBE/ml nach 16 h Anreicherung	Bäumler et al. (1997)
Salmonella spp.	Geflügelprodukte, Hackfleisch	ST11/ST15 Primer "random cloned" DNA Fragment	Chemolumineszenz Assay in der Mikrotiterplatte	20 KBE/PCR nach 6 h Anreicherung	Soumet et al. (1997)
Salmonella spp.	Hackfleisch	*ompC* Gen	Gel, Southern Blot, Dig-markierte Innenamplifikatsonde (107 bp)	100 KBE/PCR nach 4 - 6 Anreicherung	Kwang et al. (1996)
Salmonella Serovar Enteritidis	Eier	*sefA* (Fimbrien Antigen)	Gel	50 KBE/Ei nach 16 h Anreicherung ($\approx 10^7 - 10^8$ KBE/ml)	Woodward und Kirwan (1996)
Salmonella Serovar Typhi	Krabbensalat, Brathuhn, Pfeffersteak, Ratatouille, Muscheln	5S - 23S rRNA Spacer Bereich	Gel	40 Bakterien/PCR Ansatz	Zhu et al. (1996)
Salmonella spec.	Milch und andere Lebensmittel	*fimA* Gen von S.Typhimurium	Polyacrylamidgel	18 - 24 h Anreicherung natürlich kontaminierter Proben, keine Angaben zur Nachweisgrenze	Cohen et al. (1996)
Salmonella spec.	Rindfleisch, Fisch, Schweinefleisch	16S rRNA	Gel und ^{32}P-markierte Oligonukleotidsonde	1 Zelle/Assay	Lin und Tsen (1996)
Salmonella spec.	Hackfleisch (Rind, Schwein)	ST11/ST15 Primer "random cloned" DNA Fragment	Gel, Southern Blot, 2.3 kb Dig-markierte Sonde	nat. kontaminierte Proben, keine Angaben zur Nachweisgrenze	Aabo et al. (1995)
Salmonella spp.	Eier	*invA* Gen	nested PCR, Gel	$10^3 - 10^4$ KBE/Ei ohne Anreicherung; 10 KBE/Ei nach 16 - 18 h Anreicherung	Burkhalter et al. (1995)
Salmonella spec.	Hühnerdung	ST11/ST15 Primer, "random cloned" DNA Fragment	Gel	keine Angaben	Dalsgaard und Olsen (1995)
Salmonella Serovare Gallinarum, Typhimurium	Organe experimentell infizierter Hühner	*invA* Gen (invasionsassoziiertes Plasmid)	Gel	10^3 KBE/ml Homogenat	Tuchili et al. (1995)

Tab. 1: Fortsetzung

Mikroorganismus	Nahrungsmittel	Genregion	Nachweissystem	Nachweisgrenze	Referenz
Salmonella spec.	Fleisch, Tupferproben von Schweineschlachtabfällen	"random cloned" DNA Fragment	Gel	1 Zelle/25 g, 10 Zellen/Tupfer nach 20 h Anreicherung	Bosch *et al.* (1994)
Salmonella spec.	Hühnerfilets	ST11/ST15 Primer	Gel	1 Zelle/25 g nach 10 h Anreicherung	Soumet *et al.* (1994)
Salmonella spec.	Austern	*himA* Gen (DNA bindendes Protein)	Gel und Southern Blot, Dot Blot, radioaktiv markierte Oligosonde	1 - 10 Zellen/g nach 3 h Anreicherung	Bej *et al.* (1994)
Salmonella spec.	Hühnerhaut	1. *oriC* Gen 2. Virulenzplasmid spezifisches Gen	multiplex PCR, Gel	10 KBE/PCR nach 18 h Anreicherung	Mahon *et al.* (1994)
Salmonella spec.	Rindfleisch	1.8 kB *Hind* III DNA Fragment chromosomaler DNA von *S.* Typhimurium	Gel, Southern Blot, ^{32}P-markierte Sonde	10 Zellen/g	Tsen *et al.* (1994)
Salmonella spec.	Austern	*hns* Gen (DNA bindendes Protein)	Gel und radioaktiv markierte Oligonukleotidsonde	< 40 Zellen/g	Jones *et al.* (1993)
Salmonella spec.	Schwein-, Rind-, Hühnerfleisch	IS 200 (25 Kopien/Genom)	Fluoreszenznachweis in der Mikrotiterplatte	1 - 10 KBE/Assay	Cano *et al.* (1993)
Salmonella Serogruppen A - E	Hühnerfleisch	*oriC* Gen	IMS, Gel, Southern Blot, Digmarkierte Sonde	1 KBE/g, nach 24 h Anreicherung	Fluit *et al.* (1993b)
Salmonella spec.	Milch, Milchpulver, Milchprodukte, Fleisch	Segment des Salmonella Genoms (keine Angaben zur Genregion)	Gel, Southern Blot, ^{32}P-markierte Sonde	250 Zellen/ml Milch 2 x 10^4 Zellen/ml nach 3 h Anreicherung	Paluski *et al.* (1992)
Staphylococcus aureus	Milchpulver	Enterotoxin Gene *entB*, *entC1*, Thermonuclease Gen *nuc*	nested PCR, Gel, Oligonukleotidsonde	10^5 KBE/ml	Wilson *et al.* (1991)
Streptococcus thermophilus Bacteriophagen	Mozzarella	konserviertes DNA Element des *S. thermophilus* Phagen	Gel	10^3 PBE/ml	Brüssow *et al.* (1994)
Shigella flexneri	Kopfsalat	Invasionsplasmid von EIEC und *S. flexneri*	Gel	10^4 KBE/g	Lampel *et al.* (1990)
Vibrio cholerae	Austern	*hlyA* (Hämolysin Gen) *ctx* (Cholera Toxin Gene)	multiplex PCR (*hly A* als interne Kontrolle) Gel, nested PCR, Gel	30 KBE/g 3 KBE/g nach 6 h Anreicherung	Shangkuan *et al.* (1995)
V. cholerae	Austern, Krabben, Shrimps, Kopfsalat	Cholera Toxin Operon	Gel, Southern Blot, Fluoreszeinmarkierte Oligonukleotidsonde	10^4 KBE/g	Koch *et al.* (1993)
Vibrio parahaemolyticus	Shrimps	*gyrB* (Gyrase B Gen)	Gel	1 - 2 KBE/g Shrimpshomogenat nach 18 h Anreicherung	Venkateswaran *et al.* (1998)
V. parahaemolyticus	Schalentiere	"random cloned" DNA Fragment	Gel und radioaktiv markierte Oligonukleotidsonde	9 KBE/g nach 3 h Anreicherung	Lee *et al.* (1995)

Tab. 1: Fortsetzung

Mikroorganismus	Nahrungsmittel	Genregion	Nachweissystem	Nachweisgrenze	Referenz
Vibrio vulnificus Biotyp 1 und 2	Aal, Austern	Cytotoxin-Hämolysin Gen	Gel	2×10^3 KBE/g Austernhomogenat	Coleman *et al.* (1996)
V. vulnificus	Fisch, Wasser	23S rRNA	nested PCR, Gel	12 - 120 Zellen/PCR	Arias *et al.* (1995)
V. vulnificus	Austern	Cytotoxin-Hämolysin Gen	Restriktionsverdau der Amplifikate, Gel	10^2 KBE/g nach 24 h Anreicherung	Hill *et al.* (1991)
Yersinia enterocolitica	Schweinefleisch	*virF* und *ail* (Virulenzgene)	Gel	10^3 KBE/g	Nilsson *et al.* (1998)
Y. enterocolitica	Fleisch, Wasser	*yadA* Gen (virulenz-determinierende Untereinheit eines Oberflächenproteins)	IMS, nested PCR und Gel oder Nachweis in der Mikrotiterplatte	2 KBE/g mit < 10^7 unspezifischen Keimen nach ü. N. Anreicherung	Kapperud *et al.* (1993)
Enteroviren Hepatitis E Viren Rotaviren	Trinkwasser	5' nicht codierende Region Polymerase Gen VP7 Protein	RT-PCR, Gel und Southern Blot, nichtradioaktive Sonde	15 PBE/PCR	Jothikumar *et al.* (1995)
Enteroviren, Polioviren	Austern, Muscheln	5' nicht codierende Region des Enterovirengenoms	RT-PCR, Gel	2 PBE/g	Lees *et al.* (1994)
Enteroviren, Poliovirus Typ 1, Hepatitis A Viren	Austern	pan (Enteroviren) HAV Capsid	RT-PCR, Gel	70 PBE Poliovirus/PCR 295 PBE HAV/PCR	Jaykus *et al.* (1993)
Enteroviren	Grund- und Trinkwasser	5' nicht codierende Region des Enterovirengenoms	RT-PCR, Gel und Southern Blot, Dig-markierte Oligonukleotidsonde	keine Information	Tougianidou und Botzenhart (1993)
Enteroviren, Polio Viren Typ 1, HAV, Norwalk Viren	Austern, Schalentiere	Polymerase Gen	RT-PCR, Restriktionsverdau der Amplifikate, Gel	10^5 - 10^6 PBE/ml	Atmar *et al.* (1993)
Norwalk Virus	Austern, Muscheln	Polymerase Gen	RT-PCR, Restriktionsverdau der Amplifikate, Gel	10^5 - 10^6 PBE/ml	Gouvea *et al.* (1994)
Polioviren	Wasser	5' nicht codierende Region des Enterovirengenoms	RT- seminested PCR	20 PBE/ml	Ma *et al.* (1995)
"Round Structured" Virus	Schalentiere	RNA Polymerase Gen	RT-PCR, Gel und Southern Blot, Oligonukleotidsonde	natürliche Kontamination	Lees *et al.* (1995)

II   Praktischer Teil

1   *Entwicklung eines spezifischen Nachweissystems für Salmonellen in Lebensmitteln auf Grundlage der PCR*

1.1   Salmonellen als Ursache für Infektionen des Menschen

Infektionen des Menschen durch Salmonellen stellen nach wie vor ein weltweites Problem dar (van Oye 1964, Tauxe 1991). Die Zahl der Erkrankungen wird in Deutschland auf über 1 Million pro Jahr geschätzt. Die Salmonellose gehört somit zu den am meisten verbreiteten bakteriell induzierten Krankheiten (Fock 1996). Das Spektrum der Krankheitserscheinungen reicht von symptomfreiem Dauerträgertum und leichten Befindlichkeitsstörungen über schwere Gastroenteritiden bis hin zu systemischen Infektionen und Todesfällen, vor allem bei abwehrgeschwächten Personen.

Im Hinblick auf Pathogenese, klinischem Erscheinungsbild und Epidemiologie werden Salmonellen in die typhösen und die enteritischen Salmonellen unterteilt. Die Serovare Typhi und Paratyphi A, B, C sind die typhösen Salmonellen. Alle übrigen Serovare werden in der Gruppe der enteritischen Salmonellen zusammengefaßt. Während in den Entwicklungsländern Typhus und Paratyphus dominieren, tritt in Ländern mit hochentwickelter Landwirtschaft die Enteritis-Salmonellose besonders häufig auf. Sie wird durch verschiedene Enteritis-Salmonellen verursacht, die ubiquitär verbreitet sind und verschiedenste ökologische Nischen besiedeln. Dabei handelt es sich um Abwässer und Oberflächengewässer, die durch tierische und menschliche Abfallprodukte verunreinigt sein können. Neben landwirtschaftlichen Nutztieren sind Tiere wie Mäuse, Fische und Möwen ein Reservoir für Salmonellen. Die Übertragung vom Tier auf den Menschen erfolgt in erster Linie über kontaminierte Lebensmittel (Milch-, Eiprodukte, Wurstwaren, Geflügel, Feinkostsalate). Pflanzliche Lebensmittel spielen als Erregerreservoir nur eine untergeordnete Rolle (Zastrow und Schöneberg 1994). Pflanzliche Trockenprodukte wie z. B. Gewürze, in denen infolge des niedrigen Wassergehaltes keine Keimvermehrung stattfinden kann, waren in der Vergangenheit jedoch ursächlich an Salmonelleninfektionen beteiligt (Bockemühl und Wohlers 1984, Lehmacher *et al.* 1995).

Oft sind die vorhandenen Keimzahlen so gering, daß sie durch Routineinspektionen nicht nachgewiesen werden können. Erst durch unzureichende Küchenhygiene kommt es zu einer

Vermehrung der Salmonellen und damit zu einer für den Menschen kritischen Keimdosis. Dazu gibt es in der Literatur unterschiedliche Angaben. In der Vergangenheit wurden im allgemeinen 10^5 bis 10^7 Koloniebildende Einheiten (KBE) als kritische Infektionsdosis angenommen (McCullough und Eisele 1951). In neueren Studien zeigte sich jedoch, daß Infektionsdosen von 10^1 bis 10^4 Salmonellen ausreichen, um Durchfallerkrankungen beim Menschen hervorzurufen (Blaser und Newman 1982, Greenwood und Hooper 1983, D'Aoust 1985, Hedberg et al. 1994, Lehmacher et al. 1995). Da die Infektionen durch den Verzehr von gering kontaminierten Lebensmitteln (Schokolade, Käse, Snacks) verursacht wurden, ist davon auszugehen, daß diese Lebensmittel einen Schutz für Salmonellen gegen die Magensäure darstellen. Gegenwärtig ist jedoch nicht klar, wie der Schutzmechanismus funktioniert, da Salmonellen sowohl in fetthaltigen als auch eiweißhaltigen, fettarmen Lebensmitteln pH-Werte zwischen 2,5 und 3,0 überlebten (Watermann und Small 1998).

Während das *Salmonella* Serovar Typhi, mit wenigen Ausnahmen nur beim Menschen systemisch, invasiver Natur ist, rufen die Enteritis-Salmonellen dagegen bei Tieren systemische und bei Menschen gastroenteritische Krankheitsbilder hervor. Das systemische Krankheitsbild ist geprägt durch eine Invasion in lymphoide Gewebe des Darmes (Peyer'sche Plaques), einer intrazellulären Vermehrung in Makrophagen, der Organmanifestation und Toxinogenität (Jones et al. 1994). Der lokal gastroenteritische Infektionsverlauf zeichnet sich im Gegensatz dazu durch Adhäsion der Bakterien am Dünndarmepithel, Toxinbildung sowie einer Fehlregulierung im Wasser- und Elektrolythaushalt der Enterozyten aus.

Um beim Menschen eine lokal toxisch verlaufende Infektion auszulösen, wie sie z. B. durch das zur Subspezies *enterica* gehörende Serovar Typhimurium verursacht werden kann, müssen diese Bakterien die Kaskade der Infektabwehr überwinden und dazu verschiedene für die Pathogenese notwendige Schritte durchlaufen. Der erste Schritt des Infektionsverlaufs ist die Überwindung der Magenpassage. Um pH-Werte von 2,5 - 4,5 zu überleben werden Gene aktiviert, die einerseits zur Bildung von Säure-Schock-Proteinen führen (Foster 1991), andererseits kann es durch eine Protonenpumpe zu einer Säuretoleranz kommen (Foster und Hall 1991, Foster et al. 1994). Die Ansiedlung im Intestinaltrakt erfolgt mit Hilfe von Fimbrien, die eine besondere Bindung mit Zellwandrezeptoren der Darmepithelzellen (Enterozyten) eingehen, so daß die Ausscheidung der Bakterien durch die Darmperistaltik verhindert wird und eine lokale Vermehrung stattfinden kann. Schon während der Kolonisation lassen sich Toxine nachweisen. Dabei werden zwei toxische Prinzipien unterschieden: die Endotoxine, die erst nach der Zell-Lyse der Bakterien freigesetzt werden, sowie die Exotoxine, die bereits während des Lebenszyklus der Salmonellen sekretiert werden können.

Das *Salmonella* Endotoxin ist ein aus drei Regionen aufgebautes Lipopolysaccharid (LPS). Die Region I besteht aus einem hochmolekularen Polysaccharid (O-Antigen), die Region II aus einem am reduzierenden Ende der Region I gebundenen Oligosaccharid ("core" Region). Bei der Region III handelt es sich um das am reduzierenden Ende der Region II gebundene Lipid-A (Jann und Jann 1984, Seltmann und Rietschel 1988), welches für den toxischen Effekt verantwortlich ist. Dies geschieht primär durch Induktion von Mediatoren wie dem Tumor-Nekrose-Faktor-alpha (TNF), Interleukin 1 (Il-1) und Interleukin 6 (Il-6).

Durch den Einsatz molekularbiologischer Techniken ist es in den letzten Jahren gelungen, Struktur und Funktion der Exotoxine darzustellen. Dabei konnten drei verschiedene toxisch wirkende Proteine charakterisiert werden: das *Salmonella*-Enterotoxin (Stn), ein 29 kD großes Protein (Peterson 1986), das 16 kD *Salmonella*-Cytolysin (Sly) (Libby *et al.* 1994) sowie das membran-assoziierte 50 kD große "*Salmonella* Zot-like Toxin" (Szt) (Tschäpe und Prager 1995). Während der Kolonisation im oberen und mittleren Dünndarm beginnen die Salmonellen mit der Bildung des Enterotoxin Stn. Dieses bindet an spezifische Rezeptoren und induziert über einen sekundären Messenger die Fehlregulation im Wasserhaushalt der Enterozyten durch Efflux von Wasser und Elektrolyten. Das *Salmonella* zot-ähnliche Toxin Szt induziert durch Zerstörung der "tight junctions" einen unregulierten Influx und Efflux von Wasser und Elektrolyten durch die Zellzwischenräume. Dies führt zu Durchfallerkrankungen und somit zum Ausscheiden der Keime.

Untersuchungen zur plasmid-kodierten serovarspezifischen Virulenz oder Pathogenität zeigen, daß es sich nur um wenige Serovare handelt, die Plasmide enthalten. Dabei fällt auf, daß es vor allem die wirtsadaptierten Salmonellen wie *S.* Choleraesuis, *S.* Dublin, *S.* Gallinarum-Pullorum betrifft. Obwohl die Virulenzplasmide sehr unterschiedlich in ihrer Größe sind (50 – 90 Kb), besitzen sie ein hoch konserviertes Fragment von 6,2 Kb. Diese Region kodiert die *Salmonella* Plasmid Virulenz Gene *spv*R und das *spv*ABCD Operon (Gulig und Doyle 1993). Die *spv* Gene spielen in Bezug auf die Organmanifestation der Salmonellen (intrazelluläre Vermehrung im Retikuloendothel und in der Milz) und damit bei der Wirtsadaption eine Rolle (Leung und Finlay 1991). Ihre Wirkung ist nachweislich regulativ oder verstärkend auf chromosomal kodierte Pathogenitäsfaktoren ausgerichtet (Finlay und Falkow 1989, Gulig 1990).

1.2 Taxonomie der Salmonellen

Salmonellen sind *Gram*-negative Stäbchenbakterien aus der Familie der *Enterobacteriaceae*. Die Gattung *Salmonella* besteht aus den beiden Arten *S. enterica* und *S. bongori* (Le Minor und Popoff 1987, Popoff *et al.* 1992). Eine Übersicht wird in Abbildung 5 gegeben. Nur die Spezies *S. enterica*, von der sechs Subspezies bekannt sind, hat für den Menschen eine klinische und epidemiologische Bedeutung (Tschäpe und Kühn 1993). Die meisten der bisher entsprechend dem Kauffmann-White-Schema (Winkle 1979) als eigenständige Spezies aufgefaßten Stämme von *S. enterica* lassen sich lediglich als Serovare, d. h. als Varianten mit hypervariablen Antigenen verstehen. Die Unterscheidung der bisher mehr als 2300 bekannten Serovare basiert auf der Grundlage der O- und H-Antigene (Kelterborn 1992, Popoff und Le Minor 1992).

Die serologischen Varianten wurden in der Vergangenheit als eigene Spezies angesehen und entsprechend dem Kauffmann-White-Schema mit einem Namen versehen, der z. B. ein Syndrom, die Wirtsspezifität oder den geographischen Ursprung des ersten Stammes eines neuen Serovars angaben. Durch die Änderung der Nomenklatur wurden diese Namen nur für Serovare der Spezies *enterica* Subspezies *enterica* aufrechterhalten, jedoch mit großen Anfangsbuchstaben z. B. *Salmonella* Typhimurium. Die Serovare der fünf weiteren Subspezies sowie von *S. bongori* werden mit der Kurzbezeichnung und ihrer Antigenformel z. B. *Salmonella* IIIa 50: z_4, z_{24} benannt (Bockemühl und Seeliger 1985).

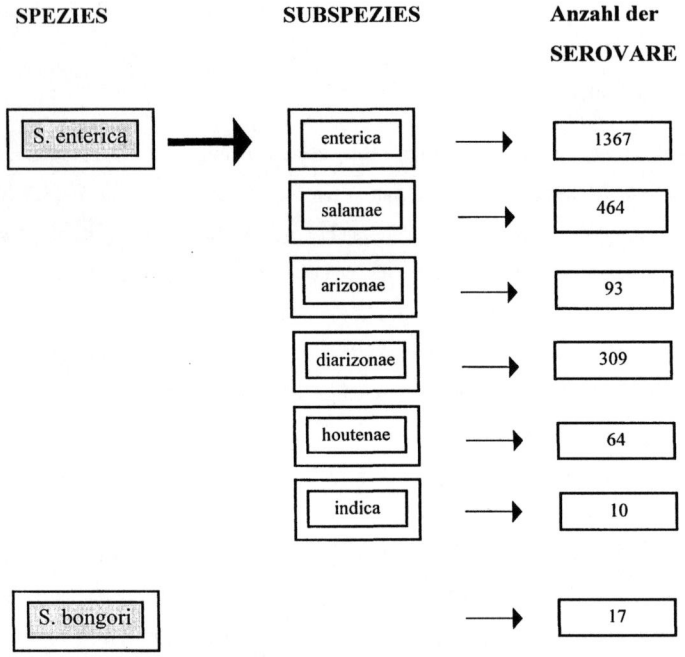

SPEZIES   SUBSPEZIES   Anzahl der SEROVARE

S. enterica →	enterica	→	1367
salamae	→	464
arizonae	→	93
diarizonae	→	309
houtenae	→	64
indica	→	10

S. bongori → 17

Abb. 5: Taxonomische Einteilung der Gattung *Salmonella* in Spezies, Subspezies und Serovare (Popoff *et al.* 1992)

1.3   Epidemiologie der Salmonellen

Wie Untersuchungen des Nationalen Referenzzentrums für Salmonellosen zeigen (Kühn *et al.* 1993), wurde in Deutschland seit Beginn der sechziger Jahre ein stetiger Anstieg der Salmonellosen beim Menschen beobachtet (Abb. 6). Besonders dramatisch war der Verlauf von Mitte der achtziger Jahre bis zum Jahr 1992, seither ist die Zahl der gemeldeten Salmonellosen wieder rückläufig.

Epidemiologische Analysen ergaben, daß bis Ende der siebziger Jahre das Serovar Typhimurium aus der Subspezies *enterica* vorherrschend war. Danach konnte weltweit eine Zunahme der Infektionen mit dem Serovar Enteritidis als Ursache festgestellt werden (Rodrigue *et al.* 1990, Tauxe 1991, Kist 1992).

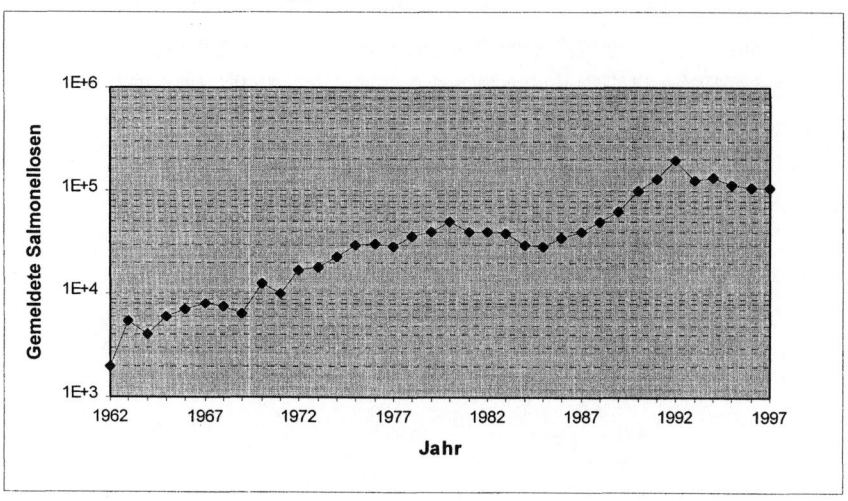

Abb. 6: Anzahl der Salmonellosen in Deutschland (1962 - 1997) nach Angaben des Nationalen Referenzzentrums

Auf der Basis der gesetzlichen Meldepflicht konnte die Verbreitung verschiedener Serovare
bei Mensch, Tier und in der Umwelt analysiert werden. Trotz der großen Anzahl der Serovare
innerhalb der Subspezies *enterica* (Abb. 5) sind nur etwa zehn Serovare von klinischer und
epidemiologischer Bedeutung für den Menschen, wobei drei davon (Choleraesuis, Dublin,
Gallinarum) wirtsadaptiert an Schwein, Rind und Huhn sind. Diese wenigen epidemiologisch
bedeutsamen Salmonellen müssen eine besondere pathogenetische Qualifizierung aufweisen,
die sie von anderen unterscheidet. Aus den Beobachtungen zur Toxinogenität von
Salmonellen geht hervor, daß zwar alle *S. enterica*-Serovare das Toxin-Gen *stn* im Genom
tragen, aber nur ein geringer Teil von ihnen das Toxin exprimiert. Dies sind vor allem die
Epidemiestämme von *S.* Typhimurium und *S.* Enteritidis (Prager *et al.* 1995). Eine mögliche
Erklärung für die erhöhte Virulenz ist eine Veränderung der Toxinexpression durch
Mutationen im Struktur- und Regulationsbereich des *stn* Gens (Prasad *et al.* 1992). Weiterhin
konnte ein Zusammenhang zwischen der Toxinbildung und der Variabilität des
Insertionselements IS200 von *S.* Typhimurium aufgezeigt werden (Tschäpe *et al.* 1996).

Der prozentuale Anteil im Verlauf eines 25-jährigen Beobachtungszeitraumes der für den Menschen epidemiologisch wichtigsten Serovare Typhimurium, Enteritidis und Agona ist in Abbildung 7 dargestellt. Das Auftreten von *S.* Agona, einem bis 1969 epidemiologisch unbedeutenden Serovar, konnte in Verbindung gebracht werden mit kontaminiertem Fischmehl, das aus Peru importiert wurde. Der Erreger, der auf diese Weise in Tierbestände eingebracht wurde, stellte eine Kontaminationsquelle für den Menschen dar.

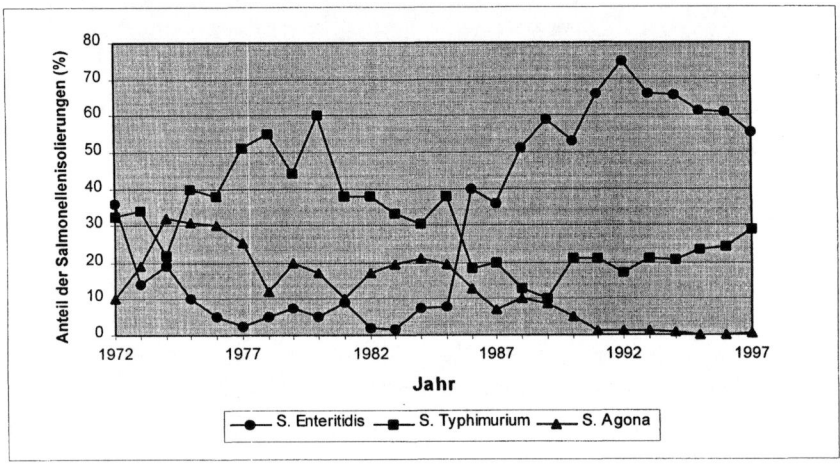

Abb. 7: Prozentualer Anteil der drei epidemiologisch bedeutenden Serovare von *S. enterica* Subspezies *enterica* in Deutschland von 1972 - 1997 (nach Kühn 1996, ergänzt)

Die stetige Zunahme des internationalen Handels im Bereich landwirtschaftlicher und fischereitechnischer Lebensmittel sowie von Fertigprodukten förderte die Verbreitung neuer *Salmonella* Serovare über geografische Grenzen hinaus (D'Aoust 1994). Besonders Lebensmittelimporte aus Ländern der dritten Welt erfüllen oft aufgrund limitierter Kontrollen vor Ort nicht die bakteriologischen Qualitätskriterien, wie sie in Industrieländern gefordert werden. Auch die Massenproduktion von Lebensmitteln mit einer weiträumigen Verteilung und einer zunehmenden Haltbarkeitsdauer trägt zur Problematik einer sich ändernden Epidemiologie bei.

1.4   Nachweis von Salmonellen in Lebensmitteln

Der Mensch infiziert sich in erster Linie durch den Verzehr von Lebensmitteln mit Salmonellen. Um Infektionen mit *Salmonella* zu verhindern bzw. aufgetretene Erkrankungen zu diagnostizieren, müssen diese Bakterien aus dem jeweiligen Untersuchungsmaterial isoliert und identifiziert werden. Dazu werden standardisierte Verfahren angewendet. Diese beruhen momentan auf einer unselektiven Voranreicherung, gefolgt von einer Selektivanreicherung. Die Isolierung von Einzelkolonien erfolgt durch einen Ausstrich auf verschiedene diagnostische Nährmedien. Die Differenzierung der Salmonellen von anderen Mikroorganismen erfolgt gewöhnlich durch den Nachweis des Zuckerabbaus - insbesondere von Lactose und Saccharose - sowie der Bildung von Schwefelwasserstoff. Normalerweise sind Salmonellen Lactose-negativ und bilden H_2S. Da dieselben Charakteristika auch bei vielen Isolaten von *E. coli* und *C. freundii* auftreten können, verbessert der zusätzliche Einsatz von Nährböden mit chromogenen Indikatoren den Nachweis von Salmonellen anhand einer bestimmten Farbe der Kolonien (Rambach 1990). Eine weitere Möglichkeit zur Verbesserung des Verfahrens bietet die "motility enrichment"-Technik, die die Beweglichkeit von Salmonellen mit der Temperaturtoleranz koppelt. Eine Schwärmzone auf einem halbfesten Nährmedium um die Tropfstelle herum, läßt bei Einhaltung der selektiven Temperatur mit hoher Wahrscheinlichkeit auf das Vorhandensein von Salmonellen schließen, da 99,8 % aller Salmonellen Serovare beweglich sind (Holbrook *et al.* 1989). Morphologisch typische oder verdächtige Kolonien werden schließlich mit biochemischen Methoden identifiziert und serologisch typisiert.

Wie gezeigt, sind konventionelle Verfahren zum Nachweis von Salmonellen sehr zeitaufwendig. So werden z. B. für den Nachweis nach § 35 des Lebensmittel- und Bedarfsgegenstände Gesetzes (LMBG) oder den Richtlinien der International Organization for Standardization (ISO) bis zu fünf Tagen benötigt. Außerdem bedarf es eines hohen Erfahrungswertes bei der Interpretation der Ergebnisse, da die Ausbildung des Phänotyps von Mikroorganismen sowohl von der Erbanlage als auch von der Umwelt beeinflußt wird. Da jedoch unter Laborbedingungen letzteres nicht konstant gehalten werden kann, sind die Ergebnisse nicht immer vergleichbar. Weiterhin problematisch ist sowohl der Nachweis von H_2S-negativen Salmonellen (ca. 5 %) (Farmer *et al.* 1985) als auch von Lactose-positiven Salmonellen (ca. 1 % der Subspezies *enterica*) (Devenish *et al.* 1986), da sie sich je nach verwendetem Medium in ihrer Morphologie deutlich von den typischen Salmonellen-Kolonien unterscheiden (Kühn *et al.* 1994, Andrews *et al.* 1995).

Der hohe Material- und Zeitaufwand konventioneller Methoden für einen sicheren Nachweis von Salmonellen in Lebensmitteln begründet den Bedarf an schnelleren und sensitiveren Methoden zu ihrer Isolierung und Identifizierung. Solche alternativen Methoden dürfen in Deutschland zwar bei innerbetrieblichen Kontrollen wie "In-Process-Control" oder Hygiene-Monitoring eingesetzt werden, bei freigaberelevanten Prüfungen ist eine kulturelle Bestätigung nach § 35 LMBG jedoch erforderlich. Es genügt deshalb nicht, eine schnellere und sensitivere Methode zur Verfügung zu haben, vielmehr muß die Tauglichkeit im Vergleich zu den konventionellen Methoden geprüft sowie eine Validierung durchgeführt und vom Gesetzgeber anerkannt werden.

1.5 Zielsetzung der Arbeit

Im Rahmen dieser Arbeit soll ein Nachweissystem für Salmonellen in Lebensmitteln auf der Grundlage der Polymerase-Kettenreaktion entwickelt werden. Zur Erreichung dieses Ziels sind folgende Schritte geplant:

- Auffinden einer spezifischen Genregion und Design von Primern zur Amplifikation
- Prüfung der Primer auf ihre Spezifität gegenüber verschiedenen *Salmonella* Serovaren und anderen lebensmittelrelevanten Mikroorganismen
- Ermittlung der Sensitivität des PCR-Systems
- Design von Sonden zur Verifizierung der Amplifikate

Um die Grundlage für eine Automatisierung des Systems zu legen, sollen die Hybridisierungsbedingungen für einen selektiven Nachweis von Amplifikaten in der Mikrotiterplatte (PCR-ELISA) etabliert werden.

Zur Quantifizierung von Salmonellen-spezifischen Amplifikaten bzw. als PCR-Amplifikationskontrolle soll ein interner Standard entwickelt werden. Voraussetzung dafür ist eine vergleichbare Amplifikationseffizienz von Proben-DNA und interner Standard-DNA in einer kompetitiven PCR. Um dies zu gewährleisten sind folgende Arbeiten vorgesehen:

- Sequenzierung und Sequenzvergleich des spezifischen Amplifikates von verschiedenen *Salmonella* Serovaren zur Auffindung einer geeigneten Genregion
- *In vitro*-Mutagenese zur Einführung einer Deletion von wenigen Basen in das Salmonellen-spezifische Amplifikat

Die Inhibition der PCR durch Bestandteile der Lebensmittelmatrix stellt ein großes Problem für den Nachweis von Mikroorganismen dar. Daher ist es erforderlich, für jede Matrix die Hemmwirkung in der PCR zu ermitteln und die Möglichkeiten zur Eliminierung der Inhibitoren festzustellen. Vorhandene Inhibitoren lassen sich möglicherweise durch entsprechende Reinigungsschritte beseitigen bzw. durch Zusätze bestimmter Agenzien zur PCR aufheben.

- Unter Einbeziehung dieser Aspekte soll ein robustes und einfaches DNA-Praparationsverfahren von Salmonellen in Lebensmitteln entwickelt werden.

Da der Nachweis lebensfähiger Salmonellen durch die Amplifikation von DNA in der PCR nicht gewährleistet ist, soll eine Kultivierungsphase der spezifischen *in vitro*-Amplifikation vorangehen. Gleichzeitig kann nur damit die gesetzliche Forderung des Nachweises der Abwesenheit von Salmonellen in einer bestimmten Lebensmittelmenge erzielt werden. Hierbei soll ermittelt werden, wie lange die Kulturphasen zu wählen sind, um sicher die verschiedenen *Salmonella* Serovare in Lebensmitteln nachzuweisen.

2   Material und Methoden

2.1   Material

2.1.1   Mikroorganismen

Tab. 2: *Salmonella* Serovare zur Spezifitätsprüfung der Primerkombinationen ST11/ST15, ST11/ST13 und ST12/ST15 (Kap. 2.1.5)

Die Isolate wurden freundlicherweise vom Bundesinstitut für gesundheitlichen Verbraucherschutz und Veterinärmedizin (Berlin und Wernigerode) und dem Hygiene Institut Hamburg zur Verfügung gestellt. ($^+$ Stamm zur Verwendung im *Salmonella* Mutagenitätstest)

Nr.	*Salmonella* Serovar	Nr.	*Salmonella* Serovar	Nr.	*Salmonella* Serovar
	Serogruppe B	25	Stanleyville	49	Oslo
1	Abony	26	Typhimurium	50	Richmond
2	Africana	27	Typhimurium 4:i:1,2 O:5-	51	Rissen
3	Agona	28	Typhimurium O: 5 -	52	Singapore
4	Agona, Lac. positiv	29	Typhimurium TA 1535$^+$	53	Tennessee
5	Brandenburg	30	Typhimurium TA 1537$^+$	54	Thompson
6	Bredeney	31	Typhimurium TA 1538$^+$	55	Virchow
7	Chester	32	Typhimurium TA 97$^+$		Serogruppe C$_2$C$_3$
8	Coeln	33	Typhimurium TA 98$^+$	56	Albany
9	Derby O: 5 -	34	Typhimurium TA 100$^+$	57	Altona
10	Duisburg		Serogruppe C$_1$	58	Apeyeme
11	Heidelberg	35	Augustenborg	59	Bardo
12	I 4,12: d: -	36	Bareilly	60	Blockley
13	I 9,12: l, v: -	37	Braenderup	61	Bovismorbificans
14	II 4,12: a: -	38	Choleraesuis	62	Charlottenburg
15	Indiana	39	Concord	63	Cottbus
16	Kiambu	40	II 6,7: d: 1,7	64	Emek
17	Kunduchi	41	Infantis	65	Ferruch
18	Paratyphi B	42	Isangi	66	Glostrup
19	Reading	43	Lille	67	Goldcoast
20	Saintpaul	44	Livingstone	68	Haardt
21	Sandiego	45	Mbandaka	69	Hadar
22	Schleisheim	46	Montevideo	70	Kentucky
23	Schwarzengrund	47	Ohio	71	Litchfield
24	Stanley	48	Oranienburg	72	Manhatten

Tab. 2: Fortsetzung

Nr.	*Salmonella* Serovar	Nr.	*Salmonella* Serovar	Nr.	*Salmonella* Serovar
73	Molade	102	Cannstatt	129	IIIa 17: z_4, z_{32}: -
74	München		Serogruppe F	130	IV 17: z_{29}: -
75	Newport	103	Chandans		Serogruppe K
	Serogruppe D_1	104	II 11: g, m, s, t: z_{39}	131	Cerro
76	Dublin	105	IV 11: z_4, z_{23}: -	132	IIIa 18: z_4, z_{23}: -
77	Durban	106	Krefeld	133	IV 18: z_{36}, z_{38}: -
78	Enteritidis	107	Liverpool	134	IV 21: g, z_{51}: -
79	Gallinarum-Pullorum	108	Llandoff	135	Minnesota
80	IIIb 1,9,12: y: z_{39}	109	Rubislaw	136	Ruiru
81	Javiana	110	Senftenberg		Serogruppe M
82	Panama	111	Solt	137	Guildford
83	Amager	112	Telhashomer	138	Loeben
	Serogruppe E_1		Serogruppe G	139	Mundonobo
84	Anatum	113	Grumpensis	140	Taunton
85	Birmingham	114	Havana	141	Wedding
86	Butantan	115	Idikan		Serogruppe N
87	Falkensee	116	Kedougou	142	Aqua
88	Give	117	Poona	143	Morningside
89	Lexington	118	Putten	144	Urbana
90	London	119	Worthington		Serogruppe O
91	Meleagridis		Serogruppe H	145	Adelaide
92	Münster	120	Lindern	146	IIIb 35: k: e, n, z_{15}
93	Orion	121	Onderstepoort	147	Monschaui
94	Sinstorf	122	Sundsvall		Serogruppe P
95	Stockholm		Serogruppe I	148	IIIa 38:l, v: -
96	Uganda	123	Gaminara	149	IIIb 38: l, v: z_{54}
97	Vejle	124	Hvittingfoss	150	IIIb 38: l, v: z_{53}
98	Weltevreden	125	II 16: g, m, s, t: -		Serogruppe Q
99	Zanzibar	126	IV 16: z_4, z_{32}: -	151	Kokomelemle
	Serogruppe E_4	127	IV 16: z_4, z_{32}: -		Serogruppe R
100	Abaetuba	128	Saphra	152	II 1,40: z_{42}: 1,5,7
101	Aberdeen		Serogruppe J	153	IIIa 40: z_4, z_{24}: -

Tab. 2: Fortsetzung

Nr.	*Salmonella* Serovar	Nr.	*Salmonella* Serovar	Nr.	*Salmonella* Serovar
154	Johannesburg	171	V 44: d: -	188	II 50: b: z_6
155	V 40: z_{35}: -	172	V 44: z_{39}: -	189	IIIa 50: z_4, z_{24}: -
156	V 40: z_{81}: -		Serogruppe W	190	IIIb 50: k: z
	Serogruppe S	173	Suelldorf	191	IV 50: z_4, z_{23}:-
157	IIIa 41: z_4, z_{23}: -	174	VI 45: a: e,n,x, (z_{17})		Serogruppe O : 51
158	VI 41: b: 1,7		Serogruppe X	192	IIIa 51: z_4, z_{23}: -
159	Waycross	175	II 47: a: 1,5	193	IIIa 51: g, z_{51}: -
	Serogruppe T	176	II 47:b:1,5		Serogruppe O : 53
160	Waral	177	IIIb 47: b : z_6	194	IIIa 53: z_4, z_{23}, z_{32}: -
161	II 42:r:-	178	IIIb 47: r: z_{53}	195	IIIa 53: z_{29}: -
	Serogruppe U	179	Mountpleasant	196	IIIb 53: l, k: z
162	IIIa 43: g, z_{51}: -		Serogruppe Y		Serogruppe O : 58
163	IV 43: z_4, z_{23}: -	180	IIIa 48: (l): -	197	II 58: l, z_{13}, z_{28}: z_6
164	IV 43: z_4, z_{32}: -	181	IIIa 48: g, z_{51}: -		Serogruppe O : 61
165	Thetford	182	IIIa 48: z_{36}: -	198	IIIb 61: i: z
	Serogruppe V	183	IIIa 48: z_4, z_{23}: -	199	IIIb 61:l, v: 1,5,7:(z_{57})
166	IIIa 44: z_4, z_{32}: -	184	IV 48: z_{29}: -		Serogruppe O : 62
167	IIIa 44: z_{41}, z_{23}: -	185	V 48: z_{35}: -	200	IIIa 62: z_{36}: -
168	IV 44: z_4, z_{32}: -	186	VI 48: z_{10}: 1,5		Serogruppe O : 63
169	Koketime	187	VI 48: z_{41}: -	201	IIIa 63: g, z_{51}: -
170	Lawra		Serogruppe Z	202	VI l, v: z_{67}

Tab. 3: Mikroorganismen (Nicht-*Salmonella*) zur Spezifitätsprüfung der Primerkombinationen ST11/ST15, ST11/ST13 und ST12/ST15 (Kap. 2.1.5)

Die Mikroorganismen wurden durch die Stammsammlungen ATCC, DSM, IfGB und NRRL bezogen. Die weiteren Mikroorganismen sind aus der BioteCon Stammsammlung (BC).

Nr.	Spezies	Nr.	Spezies
1	*Arthrobacter simplex*, ATCC 6946	23	*Escherichia coli* LT$^+$, ST I$^+$ Serotyp O78:K 11, BC 5581
2	*Arthrobacter spec.*, DSM 312	24	*Escherichia coli* ST II$^+$, LT$^-$, Serotyp O2:H1, BC 5583
3	*Bacillus cereus*, BC 2612	25	*Escherichia coli* Serotyp O 5, BC 4949
4	*Bacillus subtilis*, ATCC 6051	26	*Escherichia coli* Serotyp O 111:H - BC 4947
5	*Candida albicans*, ATCC 10231	27	*Escherichia hermanii*, DSM 4560
6	*Citrobacter freundii*, DSM 30040	28	*Hafnia alvei*, IfGB 0101
7	*Citrobacter freundii*, BC 1219	29	*Klebsiella oxytoca*, BC 2468
8	*Citrobacter diversus*, DSM 4570	30	*Klebsiella oxytoca*, DSM 5175
9	*Citrobacter koseri*, DSM 4595	31	*Klebsiella pneumoniae*, DSM 2026
10	*Clostridium acetobutylicum*, ATCC 10132	32	*Klebsiella pneumoniae*, ATCC 13883
11	*Clostridium bifermentans*, DSM 630	33	*Lactobacillus brevis*, IfGB 0409
12	*Clostridium sporogenes*, IfGB 0303	34	*Lactobacillus buchneri*, IfGB 0406
13	*Enterobacter agglomerans*, IfGB 0202	35	*Lactobacillus casei*, ATCC 7469
14	*Enterobacter cloacae*, DSM 30054	36	*Lactobacillus delbrückii* Subspezies *lactis*, DSM 20355
15	*Enterobacter gergoviae*, BC 511	37	*Lactobacillus fructosus*, DSM 20349
16	*Enterobacter intermedium*, BC 3012	38	*Lactobacillus spec.*, BC 2626
17	*Erwinia carotovora*, DSM 30168	39	*Lactobacillus spec.*, IfGB 1401
18	*Escherichia coli*, ATCC 25922	40	*Legionella pneumophila*, ATCC 33153
19	*Escherichia coli*, ATCC 8739	41	*Leuconostoc carnosum*, DSM 5576
20	*Escherichia coli* Serotyp O 26:H -, BC 4945	42	*Leuconostoc citreum*, DSM 20188
21	*Escherichia coli* Serotyp O 157:H 7 BC 4946	43	*Leuconostoc lactis*, DSM 20202
22	*Escherichia coli* Serotyp O 157:H- BC 4948	44	*Leuconostoc mesenteroides* Subspez. *mesenteroides*, DSM 20240

Tab. 3: Fortsetzung

Nr.	Spezies	Nr.	Spezies
45	*Leuconostoc mesenteroides* Subspez. *dextranicum*, DSM 20187	62	*Pseudomonsas fluorescens*, DSM 6290
46	*Leuconostoc oenos*, DSM 20255	63	*Rhodococcus spec.*, DSM 6377
47	*Leuconostoc paramesenteroides*, DSM 20288	64	*Serratia marcescens*, BC 677
48	*Listeria grayi*, DSM 20601	65	*Serratia odifera*, BC 678
49	*Listeria grayi murrayi*, DSM 20596	66	*Shigella flexneri*, DSM 4782
50	*Listeria innocua*, DSM 20649	67	*Staphylococcus aureus*, ATCC 6538
51	*Listeria ivanovii*, DSM 20750	68	*Staphylococcus epidermidis*, ATCC 12228
52	*Listeria monocytogenes*, DSM 20600	69	*Staphylococcus spec.*, DSM 20037
53	*Listria seeligeri*, DSM 20751	70	*Streptococcus diacetylactis*, IfGB 0901
54	*Listeria welshimeri*, DSM 20650	71	*Streptococcus faecalis*, DSM 20380
55	*Micrococcus citreus*, IfGB 0601	72	*Streptococcus faecium*, DSM 20160
56	*Micrococcus luteus*, DSM 348	73	*Streptococcus thermophilus*, DSM 20259
57	*Pediococcus damnosus*, IfGB 0101	74	*Streptomyces cinnamonensis*, IfGB 40803
58	*Proteus mirabilis*, IfGB Stamm 51	75	*Streptomyces griseus*, IfGB 100
59	*Proteus spec.*, DSM 46265	76	*Streptomyces spec.*, NRRL B-1354
60	*Proteus vulgaris*, DSM 2041	77	*Streptomyces xanthochromogenes*, IfGB 215
61	*Pseudomonas aeruginosa*, ATCC 27853	78	*Yersinia enterocolytica*, DSM 4780

E. coli Stamm zur Transformation
XL-1 blue supE44, hsdR17 ($r_{k-} m_{k+}$), recA1, endA1, gyrA96, thi, relA1, lac⁻, F'[proAB⁺, lacI^q, lacZΔM 15 tn 10 (tet^r)] (Fa. Stratagene #200268)

Stämme zur Durchführung der Inokulationsexperimente
1. *Salmonella* Typhimurium Stamm 2712/93, Antigenformel 4: i: 1,2 (BC 2157)
2. *Salmonella* Poona, Antigenformel 1,13,22: z: 1,6, (BC 2175)
3. *Salmonella* IIIb 47: r: z_{53} (BC 2524)
4. *Cirobacter freundii*, DSM 30040

2.1.2   Nährmedien

Falls keine anderen Angaben erfolgen, wurden die verwendeten Nährmedien 15 Minuten bei 121 °C autoklaviert.

CASO-Bouillon (Merck Art. Nr. 5459)
17.0 g/l	Pepton aus Casein
3.0 g/l	Pepton aus Sojamehl
2.5 g/l	D(+)-Glukose
5.0 g/l	Natriumchlorid
2.5 g/l	di-Kaliumhydrogenphosphat
	pH 7.3 ± 0.2

Legionella-CYE-Agar-Basis (Oxoid Art. Nr. CM 655)
2.0 g/l	Aktivkohle
10.0 g/l	Hefeextrakt
13.0 g/l	Agar
	pH 6.9 ± 0.1

Legionella-BCYEα-Supplement (Oxoid Art. Nr. SR 110)
10.00 g/l	ACES-Puffer/Kaliumhydroxid
0.25 g/l	Eisen(III)-pyrophosphat
0.40 g/l	L-Cystein
1.00 g/l	α-Ketoglutarat

LLB Fleischextrakt Bouillon
7.0 g/l	Fleischextrakt
10.0 g/l	Pepton
3.0 g/l	Natriumchlorid
2.0 g/l	Dinatriumhydrogenphosphat (Na_2HPO_4 x 12 H_2O)
	pH 7.6 ± 0.1

Luria - Bertani (LB) Medium (Sambrook *et al.* 1989)
10.0 g/l	Bacto Trypton
5.0 g/l	Bacto Hefeextrakt
5.0 g/l	Natriumchlorid
15.0 g/l	Agar (Zusatz optional)
	pH 7.0 ± 0.2

Supplement (zur Analyse von Stämmen nach Transformation):
100 µg/ml	Ampicillin
80 µg/ml	X-Gal (5-Bromo-4-chloro-3-indolyl-ß-D-Galactosid)
0.5 mM	IPTG (Isopropyl-ß-D-Thiogalactopyranosid)

Mannit-Lysin-Kristallviolett-Brillantgrün (MLCB) Agar (Oxoid CM 783)

5.0 g/l	Hefeextrakt
10.0 g/l	Pepton
2.0 g/l	Fleischextrakt "Lab Lemco"
4.0 g/l	Natriumchlorid
3.0 g/l	Mannit
5.0 g/l	L-Lysin
4.0 g/l	Natriumthiosulfat
1.0 g/l	Eisen(III)-ammoniumcitrat
0.0125 g/l	Brillantgrün
0.01 g/l	Kristallviolett
15.0 g/l	Agar
	pH 6.8 ± 0.1

Unter Rühren bis zum vollständigen Lösen erhitzen, nicht autoklavieren

Lactobacillus Bouillon nach De Man, Rogosa und Sharpe (MRS-Bouillon, 1960)
(Merck Art. Nr. 10661)

10.0 g/l	Universalpepton
5.0 g/l	Fleischextrakt
5.0 g/l	Hefeextrakt
20.0 g/l	D(+)-Glucose
2.0 g/l	di-Kaliumhydrogenphosphat
1.0 g/l	Tween 80
2.0 g/l	di-Ammoniumhydrogencitrat
5.0 g/l	Natriumacetat
0.1 g/l	Magnesiumsulfat
0.05 g/l	Mangansulfat
	pH 5.7 ± 0.2

Phosphatgepuffertes Peptonwasser (PBW, SIFIN Art. Nr. TN 1137)

10.0 g/l	Pankreatisches Pepton
5.0 g/l	Natriumchlorid
3.7 g/l	Dinatriumhydrogenphosphat
1.4 g/l	Kaliumdihydrogenphosphat
	pH 7.0 ± 0.2

Rambach-Agar (Merck Art. Nr. 7500)

8.0 g/l	Pepton
5.0 g/l	Natriumchlorid
1.0 g/l	Natriumdesoxycholat
1.5 g/l	Chromogenmischung
10.5 g/l	Propylenglycol
15.0 g/l	Agar

Zubereitung im kochenden Wasserbad, nicht autoklavieren

Rappaport-Vassiliadis (RV) Bouillon (SIFIN Art. Nr. TN 1157)

5.0 g/l	Pankreatisches Pepton
18.73 g/l	Magnesiumchlorid
8.0 g/l	Natriumchlorid
1.4 g/l	Kaliumdihydrogenphosphat
0.2 g/l	Dikaliumhydrogenphosphat
0.04 g/l	Malachitgrün
	pH 6.0 ± 0.2

SALMOSYST® Basisbouillon (Merck Art. Nr. 10153)

5.0 g/l	Pepton aus Casein
5.0 g/l	Pepton aus Fleisch
5.0 g/l	Natriumchlorid
10.0 g/l	Calciumcarbonat
	pH 7.1 ± 0.2

SALMOSYST® Supplement pro Tablette (Merck Art. Nr. 10141)

0.2 g	Kaliumtetrathionat
0.08 g	Ochsengalle
0.0007 g	Brilliantgrün
0.1 g	Calciumcarbonat

Xylose-Lysin-Deoxycholat (XLD) Agar (SIFIN Art. Nr. TN 1196)

3.0 g/l	Hefeextrakt
5.0 g/l	Natriumchlorid
3.5 g/l	D-Xylose
7.5 g/l	Lactose
7.5 g/l	Saccharose
5.0 g/l	L-Lysin
1.0 g/l	Natriumdesoxycholat
6.8 g/l	Natriumthiosulfat
0.8 g/l	Ammoniumeisen(III)-citrat
0.08 g/l	Phenolrot
10.0 g/l	Agar
	pH 7.4 ± 0.2

2.1.3   Reagenzien

Zur Herstellung der verschiedenen Lösungen und Puffer wurden ausschließlich Chemikalien des Reinheitsgrades p. a. verwendet, die von den Firmen Boehringer Mannheim, Fluka, Gibco BRL, Merck und Sigma bezogen wurden.

1 x TBE Puffer (Tris Borat EDTA Puffer)

90 mM	Tris-Borat
2 mM	EDTA
	pH 8.3

1 x TA Puffer (Tris Acetat Puffer)

40 mM	Tris-Acetat
	pH 8.0

1 x PBS Puffer

2.7 mM	Kaliumchlorid
137 mM	Natriumchlorid
1.76 mM	Kaliumdihydrogenphosphat
10 mM	Dinatriumhydrogenphosphat
	pH 7.4

STET Puffer

8.0	%	Saccharose
0.5	%	Triton X 100
50	mM	Tris-HCl
50	mM	EDTA
		pH 8.0

1 x Lysis Puffer

10 mM	Tris-HCl pH 7.4
10 mM	EDTA
150 mM	Natriumchlorid
0.4 %	SDS

1 x TE Puffer

10 mM	Tris-HCl
1 mM	EDTA
	pH 8.0

Ladepuffer für Agarosegele

0.25 %	Bromphenolblau
0.25 %	Xylencyanol FF
30.0 %	Glycerin

Denaturierungslösung für Agarosegele

1.5 M	Natriumchlorid
0.5 M	Natriumhydroxid

Neutralisierungspuffer für Agarosegele

1.0 M	Tris-HCl
2.0 M	Natriumchlorid
	pH 7.5

20 x SSC

175.3 g/l	Natriumchlorid
88.2 g/l	Natriumcitrat
	pH 7.4

Hybridisierungspuffer für Southern Blots

5	x	SSC
2.0	%	Blocking Reagenz
0.1	%	N-Lauroylsarcosin
0.02	%	SDS

Waschpuffer (W1) für Southern Blots

2 x	SSC
0.1 %	SDS
	pH 7.5

Waschpuffer (W2) für Southern Blots

0.1 x	SSC
0.1 %	SDS
	pH 7.5

Puffer zur kolorimetrischen Detektion von Southern-Blots

Puffer D1

100	mM	Maleinsäure
150	mM	Natriumchlorid
0.3	% (v/v)	Tween 20
		pH 7.0

Puffer D2

1.0 %	Blocking Reagenz
	gelöst in Puffer D1 ohne Tween

Puffer D3

100 mM	Tris-HCl
100 mM	Natriumchlorid
50 mM	Magnesiumchlorid
	pH 9.0

Puffer D4

10 mM	Tris-HCl
1 mM	EDTA
	pH 8.0

Farblösung
45	µl	NBT-Lösung [Boehringer Mannheim]
35	µl	X-Phosphat-Lösung [Boehringer Mannheim]
10	ml	Puffer D3

Bindungspuffer zur Beschichtung von Mikrotiterplatten mit Fangsonde
10	mM	Tris-HCl
100	mM	Natriumchlorid
1	mM	EDTA
0.15	%	Triton X 100
		pH 7.5

Hybridisierungspuffer für den Nachweis von PCR-Amplifikaten in Mikrotiterplatten
2.5	x	SSC
2	x	Denhardt's Lösung
10	mM	Tris-HCl
1	mM	EDTA
		pH 7.5

10 x Denhardt's Lösung
2.0	g/l	Ficoll Typ 400
2.0	g/l	Polyvinylpyrrolidon
2.0	g/l	BSA (Fraktion V)

Waschpuffer I für Mikrotiterplatten
0.01	x	SSC
2	x	Denhardt's Lösung
10	mM	Tris-HCl
1	mM	EDTA
		pH 7.5

Waschpuffer II für Mikrotiterplatten
100	mM	Tris-HCl
150	mM	Natriumchlorid
0.05	%	Tween 20
0.5	%	Blocking Reagenz [Boehringer Mannheim]
100	µg/ml	Heringsperma-DNA
		pH 7.5

1 x PBS-Puffer (Waschpuffer zur Probenaufarbeitung)
150	mM	Natriumchlorid
10	mM	Natriumphosphat
0.05	%	Tween 20
		pH 7.5

Taq-DNA Polymerase Mix zur Sequenzierung
0.8	µl	*Taq*-DNA Polymerase (5 u/µl) [Boehringer Mannheim]
1.0	µl	5 x Puffer
5.2	µl	H_2O

5 x Puffer zur Sequenzierung
400 mM   Tris-HCl
100 mM   Natriumhydrogensulfat
25 mM   Magnesiumchlorid
pH 8.9

DNA-Molekulargewichstmarker:
B VI DNA-Längenmarker 250 ng/µl (Boehringer Mannheim Kat. Nr.1062590)
Größen in Basenpaaren (bp):
154, 220, 234, 298, 394, 435, 517, 653, 1033, 1230, 1766, 2176

2.1.4   Reaktionskits

QIAquick Gel Extraction Kit (QIAGEN Kat. Nr. 28704)
QIAquick PCR Purification Kit, (Q. purification Kit) (QIAGEN Kat. Nr. 28104)
QIAamp Blood Kit, (Q. blood Kit) (QIAGEN Kat. Nr. 29104)
QIAGEN Tip 20 (Q. Tip 20) (QIAGEN Kat. Nr. 10024)
Mobi Spin S-300 (MoBiTec GmbH Göttingen Kat. Nr. SC 0300)
Gene Clean® Kit BIO 101 Inc.
DIG DNA Labeling und Detection Kit (Boehringer Mannheim Kat. Nr. 1093657)

pGEM-T Vektor (Promega Kat. Nr. A3600)
Dieses Plasmid trägt das *lacZ* Gen von *E. coli* mit einem Polylinker, einen Replikationsursprung sowie ein Gen, das für die Ampicillinresistenz codiert.

2.1.5   Primer

Die Primer wurden von der Fa. TIB Molbiol Berlin synthetisiert. Die Sequenzierprimer wurden von der Fa. Applied Biosystems bezogen.
* hierbei handelt es sich um Basengemische: M = A + C, R = A + G

Die Lage der Amplifikationsprimer sowie der Fangsonde innerhalb des 429bp Salmonellen-spezifischen PCR-Fragmentes ist nachfolgend schematisch dargestellt:

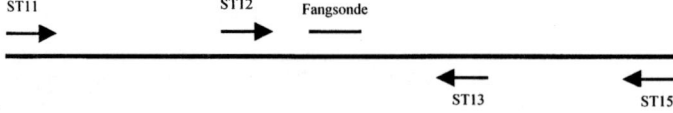

Amplifikationsprimer
ST11 Primer: 5' -AGC CAA CCA TTG CTA AAT TGG CGC A- 3'
ST15 Primer: 5' -GGT AGA AAT TCC CAG CGG GTA CTG- 3'
ST12 Primer: 5' -CTT CTM* ATC GAC AAC CTA AC- 3'
ST13 Primer: 5' -Dig-TTG CGA CTA TCA GGT TAC CGT GGA- 3'

Primer zur Sondenherstellung
Primer SO-1: 5' -AGG TTT TAT TCA CCG- 3'
Primer SO-3: 5' –AR*G CAG ACC ACA R*CG- 3'

Mutationsprimer zur Herstellung der internen Standard-DNA
ST11a/ST11b: 5' -CTG CTT TGC CTG AAG CGA GCG AGG TGA AAA CGA CAA- 3'
ST15a/ST15b: 5' -TTG TCG TTT TCA CCT CGC TCG CTT CAG GCA AAG CAG- 3'

Primer zur Herstellung der Amplifikate für die Sequenzierung
ST11 + M13 "forward"-Anhang:
5' -TAA AAC GAC GGC CAG TGC CAA GCC AAC CAT TGC TAA ATT GGC GCA- 3'
ST 15 + M13 "reverse"-Anhang
5' -CAG GAA ACA GCT ATG ACC GGT AGA AAT TCC CAG CGG GTA CTG- 3'

Sequenzierprimer mit 5' Fluoreszenzmarkierung
M13 "forward" 5' -TAA AAC GAC GGC CAG TGC CA- 3' (Applied Biosystems Kat. Nr. 401131)
M13 "reverse" 5' -CAG GAA ACA GCT ATG ACC- 3' (Applied Biosystems Kat. Nr. 401130)

Sequenz der Fangsonde für Salmonellen-DNA (WT-"capture probe")
5' -Biotin-TTTTT CCT CGC TGG CTA CCG CTT CA- 3'

Sequenz der Fangsonde für die interne Standard-DNA (ST-"capture probe")
5' -Biotin-TTTTT TCA CCT CGC TCG CTT CAG GC- 3'

2.1.6   *Lebensmittelmatrices*

Vollmilchpulver Fa. Omira; Kakaopulver Fa. Schröder GmbH; Vollmilchschokolade (Halbfertig-ware)

2.1.7   *Software*

DNASIS Version 7.0 (Hitachi)
Primer Designer Version 1.0 (Scientific & Educational Software, State Line, PA 17263, USA)
DNASTAR Version 3.03 (Lasergene)

2.2   Methoden

2.2.1   *Anzucht von Mikroorganismen*

Salmonellen Serovare (Kap. 2.1.1) wurden in LLB Fleischextrakt Bouillon (Kap. 2.1.2) 12 Stunden bei 37 °C angezogen. Die Anzucht der zur Spezifitätsprüfung benötigten Mikroorganismen (Kap. 2.1.1) erfolgte in CASO-Bouillon 12 Stunden bei 37 °C. Lactobacillus-Arten wurden 2 - 3 Tage in einer 5 %igen CO_2-Atmosphäre in MRS-Bouillon kultiviert. *Legionella pneumophila* wurde 2 - 3 Tage auf dem Legionella-BCYEα-Supplement-Agar bei 36 °C angezogen (Kap. 2.1.2).

2.2.2 Inokulationsexperimente

Je 5 Gramm Lebensmittel (Kap. 2.1.6) wurden in sterile Gefäße eingewogen. Von *S.* Typhimurium Stamm 2712/93, *S.* Poona (BC 2175) und *S.* IIIb 47: r: z_{53} (BC 2524) wurden ü. N. Kulturen in CASO-Bouillon (Kap. 2.1.2) angezogen. Von diesen wurde photometrisch (OD 530 nm) und durch Plattierung auf CASO-Agar (Kap. 2.1.2) die Lebendkeimzahl ermittelt. Zu den Vollmilchpulverproben wurden je 5 x 10^7 KBE *S.* Typhimurium gegeben und mit einem sterilen Spatel eingemischt. Zu den Kakaopulverproben wurden entweder je 1 x 10^6 KBE *S.* Typhimurium, *S.* Poona oder *S.* IIIb 47: r: z_{53} eingemischt. Zur Inokulation der Schokoladenproben wurden diese bei 50 °C aufgeschmolzen und nach Abkühlen auf 30 °C in jede Probe 1 x 10^6 KBE *S.* Typhimurium eingerührt. Alle inokulierten Proben wurden bei 23 – 27 °C gelagert.

2.2.2.1 Wachstumsverhalten von Salmonellen in Abhängigkeit verschiedener Parameter

Zur Ermittlung des Wachstumsverhaltens der Salmonellen wurde die Lebendkeimzahl aus den inokulierten Matrices bestimmt (Kap. 2.2.2). Dazu wurde unmittelbar nach der Beimpfung (0 Wochen) die erste Wachstumskurve aufgenommen. Je zwei Versuchsansätze wurden mit jeweils 45 ml PBW (Kap. 2.1.2) versetzt und bei 37 °C als Standkultur inkubiert. Die Lebendkeimzahl wurde je nach Lebensmittel über einen Zeitraum bis zu 24 Stunden durch Plattierung auf Rambach-Agar und MLCB-Agar bestimmt (Kap. 2.1.2). Zur Erstellung der Wachstumskurven wurden die Mittelwerte der ermittelten Keimzahlen jedes Doppelansatzes gebildet. Die Aufnahme von weiteren Wachstumskurven erfolgte analog bis zu einem Zeitraum von 18 Wochen.

2.2.2.2 Einfluß von Kakao auf das Wachstum von Salmonellen

Zur Auffindung eines geeigneten Kulturmediums für Salmonellen in Kakao wurden Versuchsansätze (n =3) mit 2 %, 4 %, 6 %, 8 % und 10 % Kakaopulver hergestellt. Als Nährmedium wurde entweder Salmosyst® Basisbouillon (100 %) (Kap. 2.1.2) oder H-Milch aus dem Handel (Fettgehalt 1,5 %) bzw. Salmosyst® Basisbouillon mit einem prozentualen Anteil von 20 %, 40 %, 60 % oder 80 % H-Milch verwendet. Als Kontrolle dienten Versuchsansätze ohne Kakao. Die Ansätze wurden mit einer geringen Menge (< 10 KBE) einer ü. N. Kultur von *S.* Typhimurium Stamm 2712/93 beimpft und 8 Stunden bei 37 °C als Standkultur inkubiert. Anschließend wurde die Lebendkeimzahl der Salmonellen durch Plattierung geeigneter Verdünnungen auf MLCB-Agar und Rambach-Agar bestimmt (Kap. 2.1.2).

2.2.3 Polymerase-Kettenreaktion

2.2.3.1 Amplifikationsbedingungen

Zur Etablierung des Nachweises von Salmonellen mittels PCR wurde initial ein Primersystem von Aabo *et. al* (1993) verwendet. Grundlage dieses Systems ist ein 2,3 Kilo-Basenpaare (kbp) großes chromosomales Genfragment von *Salmonella* Serovar Typhimurium (Olsen *et al.* 1991), dessen Funktion unbekannt ist. Durch die Verwendung der Primerkombination ST11/ST15 (Kap. 2.1.5) lag die erwartete Größe der Amplifikate bei 429 Basenpaaren (bp). Ferner wurden die auf eigenen Sequenzierarbeiten basierenden Primer ST12 und ST13 verwendet (Kap. 2.1.5). Eine salmonellenspezifische Amplifikation mit der Primerkombination ST12/ST15 ließ ein 263 bp langes DNA-Fragment, die Kombination der Primer ST11/ST13 ein Amplifikat mit einer Größe von 313 bp erwarten.

Die PCR wurde im Thermocycler der Fa. Perkin Elmer durchgeführt (Modell Gene Amp 9600).

PCR-Ansatz mit 25 µl Reaktionsvolumen

Reagenz	Volumen [µl]	Endkonzentration
10 x PCR-Puffer	2.5	1 x
50 mM MgCl$_2$	1.25	2.5 mM
10 mM dNTP-Mix	0.5	je 200 µM
Primer	2.0	je 0.4 µM
BSA	2.5	3µg/µl
Taq DNA-Polymerase	0.15	0.03 units/µl
Uracil DNA-Glykosylase	1.0	0.04 units/µl
DNA	1.0	
Aqua dest.	14.1	

Für die PCR wurde die bio-*Taq*-DNA-Polymerase (Fa. Biomaster GmbH Köln Kat. Nr. 01001-xx) mit dem zugehörigen Puffer [160 mM (NH$_4$)$_2$ SO$_4$, 670 mM Tris-HCl (pH 8.8), 0.1 % Tween 20] und einer 50 mM Magnesiumchlorid Lösung verwendet. Die Uracil-DNA Glykosylase wurde von der Fa. Biozym (Kat. Nr. U190011I), die Nukleotide von der Fa. Boehringer bezogen (dATP Kat. Nr. 1051440, dCTP Kat. Nr. 1051458, dGTP Kat. Nr. 1051466, dTTP Kat. Nr. 1051482, dUTP Kat. Nr.1420470). In den meisten Fällen wurde im Nukleotidgemisch dTTP durch dUTP ersetzt.

Bei Verwendung der Primerkombinationen ST11/ST15 sowie ST11/ST13 (Kap. 2.1.5) erfolgte die Amplifikation in einer Zwei-Stufen PCR. Die PCR mit der Primerkombination ST12/ST15 (Kap. 2.1.5) wurde mit einem 3-stufigen Temperaturprofil durchgeführt.

Temperaturprofil für die Primerkombinationen ST11/ST15 und ST11/ST13

	Temperatur [°C]	Zeit [Minuten]
Präinkubation	37	30
Initiale Denaturierung	95	5
35 Zyklen	95	0.5
	68	1.5
Terminale Elongation	72	5

Temperaturprofil für die Primerkombination ST12/ST15

	Temperatur [°C]	Zeit [Minuten]
Präinkubation	37	30
Initiale Denaturierung	95	5
35 Zyklen	95	0.5
	57	1
	72	1
Terminale Elongation	72	5

2.2.3.2   Überprüfung der Spezifität der Primer

Die Spezifität der Primersysteme ST11/ST15, ST12/ST15 und ST11/ST13 (Kap. 2.1.5) wurde mit der DNA von 197 verschiedenen Serovaren aus 33 Serogruppen der Spezies *Salmonella enterica* sowie 5 Serovaren der Spezies *Salmonella bongori* getestet (Kap. 2.1.1). Außerdem wurden 78 Nicht-*Salmonella* Bakterienspezies untersucht (Kap. 2.1.1). Dabei handelt es sich sowohl um apathogene Begleitkeime in Lebensmitteln als auch um verschiedene obligat bzw. fakultativ pathogene Arten aus der Familie der *Enterobacteriaceae*.

2.2.3.3   Ermittlung der Sensitivität der PCR-Systeme

Um die Sensitivität der PCR-Systeme zu ermitteln, wurden dekadische Verdünnungen von 100 ng bis 1 ag einer linearisierten Wildtyp-Plasmid-DNA (WT-Plasmid-DNA) sowie Standard-Plasmid-DNA (ST-Plasmid-DNA) amplifiziert. Ferner wurden dekadische Verdünungen einer genomischen *Salmonella*-DNA (10^5 bis 0 Genomäquivalente [GÄ]) in der PCR verwendet. Um den Einfluß von Fremd-DNA auf die Sensitivität der PCR Systeme zu beurteilen, wurden Amplifikationen mit DNA-Mengen, entsprechend 1, 10, 100 bzw. 1000 GÄ von *Salmonella* Typhimurium (Stamm 2712/93) und dem Zusatz dekadisch aufsteigender DNA Mengen entsprechend 10^2 - 10^8 GÄ von *Citrobacter freundii* (DSM 30040) durchgeführt. Die PCR wurde mit den drei Primerpaaren (ST11/ST15, ST12/ST15, ST11/ST13) entsprechend den ermittelten Amplifikationsbedingungen durchgeführt (Kap. 2.2.3.1). Die Auswertung erfolgte sowohl durch die Darstellung der Amplifikate im Agarosegel (Kap 2.2.7.1) mit nachfolgendem Southern-Blot und Hybridisierung mit der Digoxigenin-markierten Innenamplifikatsonde (Kap. 2.2.7.2) als auch durch eine kolorimetrische Detektion der Amplifikate in Streptavidin-beschichteten Mikrotiterplatten (Kap. 2.2.7.3).

2.2.4 *Herstellung einer Digoxigenin-markierten doppelsträngigen DNA-Sonde*

Zur Sondensynthese wurde in einer ersten PCR unmarkierte "template"-DNA für eine nachfolgende zweite PCR synthetisiert. Bei dieser Reamplifikation erfolgte die Markierung durch Verwendung des modifizierten Nukleotids Digoxigenin-11-dUTP (DIG DNA Labeling Mix, Boehringer Mannheim Kat. Nr. 1277065). Mit der Primerkombinaton SO-1/SO-3 (Kap. 2.1.5) wurde eine doppelsträngige DNA-Sonde mit einer Länge von 162 bp hergestellt.

2.2.4.1   Herstellung von "template"-DNA

Die Herstellung von "template"-DNA erfolgte in einem 25 μl Reaktionsvolumen. Die dazu verwendete DNA war ein Gemisch verschiedener *Salmonella*-Serovare. Für die Generierung des unmarkierten PCR Produktes und für die nachfolgende Reamplifikation wurde das gleiche Temperaturprofil verwendet.

PCR-Ansatz

Reagenz	Volumen [µl]	Endkonzentration
10 x PCR-Puffer	2.5	1 x
50 mM MgCl$_2$	1.25	2.5 mM
10 mM dNTP-Mix	0.5	je 200 µM
Primer	2.0	je 0.4 µM
Taq DNA-Polymerase	0.15	0.03 units/µl
10 ng DNA	1.0	
Aqua dest.	17.6	

Temperaturprofil für die Primerkombination SO-1/SO-3

	Temperatur [°C]	Zeit [Minuten]
Initiale Denaturierung	95	5
40 Zyklen	95	0.75
	50	0.75
	72	1
Terminale Elongation	72	5

2.2.4 2 Präparative Gelelektrophorese

Der PCR-Ansatz wurde in einem 1.0 %igen NuSieve® GTG® Agarosegel aufgetrennt, welches mit 1µl Ethidiumbromidlösung (10 mg/ml) angefärbt war (Biozym Kat. Nr. 50082). Als Elektrophoresepuffer wurde 1 x TA-Puffer verwendet (Kap. 2.1.3). Das PCR-Produkt wurde unter UV-Licht bei einer Wellenlänge von 365 nm ausgeschnitten und reamplifiziert (Kap. 2.2.4.3).

2.2.4.3 Reamplifikation zur Markierung der "template" DNA mit Dig-11-dUTP

Die Reamplifikation erfolgte in einem 50 µl Reaktionsvolumen. Pro Reaktionsansatz wurden 5 µl des durch präparative Gelelektrophorese (Kap. 2.2.4.2) erhaltenen Amplifikates in die PCR eingesetzt.

PCR-Ansatz zur Reamplifikation mit 50 µl Reaktionsvolumen

Reagenz	Volumen [µl]	Endkonzentration
10 x PCR-Puffer	5.0	1 x
50 mM MgCl$_2$	1.5	1.5 mM
10 x DIG DNA labeling Mix	2.0	200 µM
Primer	4.0	0.4 µM
Taq DNA-Polymerase	0.3	0.03 units/µl
DNA	5.0	
Aqua. dest	31.2	

2.2.4.4 Qualitative und quantitative Beurteilung der Sonde

Zur qualitativen Beurteilung wurden 5 µl der Sonde im Agarosegel aufgetrennt (2.2.7.1). Nach dem Transfer auf eine Nylonmembran (Stratagene Duralon UV^{TM} Membran Kat. Nr. 420100) erfolgte der direkte kolorimetrische Nachweis entsprechend den Angaben des DIG DNA Labeling und Detection Kit (Kap. 2.1.4).

Zur quantitativen Beurteilung wurde eine Verdünnungsreihe eines spezifischen PCR-Produktes im Agarosegel dargestellt (Kap. 2.2.7.1) und der daraus resultierende Southern Blot mit 1 µl der neu hergestellten Sonde hybridisiert (Kap. 2.2.7.2).

2.2.5 Synthese von 5' endmarkierten Sonden

Auf Grundlage der erhobenen Sequenzdaten von 20 verschiedenen *Salmonella* Serovaren wurden 5' Biotin-markierte Fangsonden synthetisiert (Fa. TIB Molbiol, Berlin). Zwischen der 5'-Biotinmarkierung und der spezifischen Sequenz wurden fünf Thymidinreste als "Spacer" eingebaut. Die nachfolgenden 20 Basen waren spezifisch und dienten entweder als Fangsonden für die nachzuweisenden Salmonellen-DNA-Amplifikate oder für die Amplifikate der internen Standard-DNA nach einer kompetitiven PCR in Streptavidin-beschichteten Mikrotiterplatten.

2.2.6 DNA-Extraktion

2.2.6.1 Alkalische Lyse aus Flüssigkulturen

Aus 1 ml Flüssigkultur wurden die Zellen durch Zentrifugation mit 10.000 x g in einer Tischzentrifuge (Eppendorf 5415C) 10 Minuten sedimentiert. Das Zellpellet wurde mit 1 x PBS Puffer gewaschen (Kap. 2.1.3). Nach erneuter Zentrifugation unter den gleichen Bedingungen erfolgte die Resuspension des Pellets in 200 µl einer 50 mM Natriumhydroxidlösung. Der Ansatz wurde mit 100 µl Mineralöl (Sigma M 5904) überschichtet und 10 Minuten bei 95 °C inkubiert. Zur Neutralisierung der Natriumhydroxidlösung wurden 32 µl einer 1M Tris HCl-Lösung pH 7,0 zugegeben und vorsichtig gemischt. Das Lysat wurde direkt in die PCR eingesetzt oder bei -20 °C gelagert.

2.2.6.2 DNA-Extraktion nach enzymatischem Zellaufschluß

5 ml einer ü. N. Kultur wurden durch Zentrifugation über 10 Minuten bei 10.000 x g sedimentiert (Eppendorf Tischzentrifuge 5415C). Die Zellen wurden mit 1 ml eines 1 x PBS Puffers gewaschen (Kap. 2.1.3) und in 200 µl 1 x PBS resuspendiert. Die Zelllyse erfolgte nach Zugabe von 400 µl 1 x Lysis Puffer (Kap. 2.1.3), 40 µl 10% SDS sowie 20 µl DNase freie RNase A (10 mg/ml) (Boehringer Kat. Nr. 109142). Der Ansatz wurde eine Stunde bei 37 °C inkubiert. Nach Zugabe von 100 µl Proteinase K (20 mg/ml) (Merck Art. Nr. 124568) wurde der Ansatz ü. N. inkubiert. Der Verdau mit Proteinase K wurde durch eine 10 minütige Inkubation bei 95 °C beendet. Anschließend wurde 1 Volumen Phenol:Chloroform (1:1) zugegeben und gemischt. Die Phasentrennung erfolgte durch eine Zentrifugation bei 10.000 x g und 4 °C für 10 Minuten (Eppendorf Kühlzentrifuge 5403). Der Überstand wurde mit 1 Volumen Chloroform:Isoamylalkohol (24:1) versetzt und erneut 10 Minuten bei 10.000 x g und 4 °C zentrifugiert. Die DNA wurde nach Zugabe von 0,6 Volumen Isopropanol für 0,5 bis 1 Stunde bei -20 °C gefällt. Zur Sedimentation wurde der Ansatz 10 Minuten bei 15.000 x g und 4 °C zentrifugiert (Eppendorf Kühlzentrifuge 5403). Das Pellet wurde zweimal mit 70 %igem Ethanol gewaschen, getrocknet und in 100 µl 1 x TE Puffer resuspendiert (Kap. 2.1.3). Die Konzentration der DNA wurde photometrisch bei 260 nm wie folgt bestimmt (Gene Quant II Pharmacia).

$$1 \, OD_{260nm} = 50 \, \mu g \, DNA/ml$$

Die Verunreinigung durch Proteine wurde durch die OD_{280nm} bestimmt, wobei das Verhältnis von OD_{260nm}/OD_{280nm} für reine DNA im Bereich von 1,8 – 1,9 liegen sollte (Sambrook *et al.* 1989).

2.2.6.3   DNA-Extraktion mit Chelex[®] 100

Die Extraktion von Mikroorganismen-DNA aus einer Lebensmittelprobe erfolgte durch differentielle Zentrifugation. 1 ml Kultur wurde 10 Minuten bei 50 x g und 4 °C zentrifugiert. Der Überstand wurde anschließend in eine neues Reaktionsgefäß überführt und 10 Minuten bei 1.000 x g und 4 °C zentrifugiert (Eppendorf Kühlzentrifuge 5403). Das Zellsediment wurde in 60 µl einer 5%igen Chelexsuspension aufgenommen (Chelex[®] 100, Biorad Kat. Nr. 132-2832). Anschließend wurde die Probe bei 95 °C für 10 Minuten inkubiert und gemischt (Stufe 9, REAX 2000 Fa. Heidolph). Nach der Abtrennung des Chelex[®] 100 durch eine Zentrifugation bei 1.000 x g für 3 Minuten bei Raumtemperatur (Eppendorf Tischzentrifuge 5415 C) wurde der DNA-haltige Überstand in ein neues Reaktionsgefäß überführt und bis zum Einsatz in die PCR bei -20 °C gelagert.

2.2.7   DNA-Nachweissysteme

2.2.7.1   Agarose-Gelelektrophorese

Der Nachweis von PCR-Amplifikaten (Kap. 2.2.3) erfolgte durch Auftrennung in 3%igen Agarosegelen. Zur Herstellung der Gele (30 ml) wurde ein 3:1 Gemisch aus NuSieve[®] GTG[®]-Agarose (Biozym Kat. Nr. 50082) und Biorad-Agarose-Low-m_r (Kat. Nr. 162-0102) verwendet. Die Nukleinsäuren wurden durch den Zusatz von 1 µl Ethidiumbromidlösung (10 mg/ml) zum Agarosegel angefärbt. Als Elektrophorese-Puffer diente 1 x TBE Puffer (Kap. 2.1.3). 5 µl Nukleinsäureproben wurden vor dem Auftragen mit 1 µl Ladepuffer gemischt (Kap. 2.1.3). Die elektrophoretische Auftrennung erfolgte mit einer Spannung von 80 - 100 Volt in einer Minigel-Elektrophorese Kammer (Biorad Mini Sub[TM] DNA Cell) über eine Stunde. Zur Dokumentation wurden die Gele bei einer Wellenlänge von 312 nm photographiert (Polaroid Land Kamera).

2.2.7.2   Southern-Blot und Hybridisierung

Die im Agarosegel elektrophoretisch aufgetrennten PCR-Produkte wurden nach der Methode des Southern Blotting (Southern 1975) auf eine Nylon Membran übertragen (Stratagene Duralon UV[TM] Membran, Kat. Nr. 420100). Nach einer jeweils 10 minütigen Denaturierungs- sowie Neutralisierungsphase (Kap. 2.1.3) erfolgte der Transfer über mindestens 6 Stunden. Die Vorhybridisierung der zuvor mit 120 mJ UV Strahlung (254 nm) behandelten Membran (Stratagene UV-Stratalinker 2400, Kat. Nr. 400076) erfolgte in 5 ml Hybridisierungspuffer (Kap. 2.1.3) für 1 Stunde bei 60 °C (Hybridisierungsofen GFL 7601). Die Hybridisierung wurde mit 5 fmol/ml denaturierter doppelsträngiger Digoxigenin-markierter Sonde (Kap. 2.2.4) für mindestens 4 Stunden bei 60 °C durchgeführt. Zur Entfernung unspezifisch gebundener DNA wurde die Membran zweimal je 5 Minuten mit Waschpuffer W1 (Kap. 2.1.3) bei Raumtemperatur sowie 20 Minuten mit Waschpuffer W2 (Kap. 2.1.3) bei 60 °C gewaschen. Die Detektion erfolgte mit dem "DIG DNA Labeling und Detection Kit" (Boehringer Mannheim).

2.2.7.3   Nachweis von PCR-Amplifikaten in der Mikrotiterplatte

Bei der Flüssigphasenhybridisierung erfolgte der kolorimetrische Nachweis in Streptavidin-beschichteten Mikrotiterplatten. Dabei wurden zwei grundlegende Prinzipien getestet. Zum einen wurde eine "Sandwich"-Hybridisierung mit einer biotinylierten Fangsonde und einer doppelsträngigen Digoxigenin-markierten Detektionssonde angewendet. Eine Variation des Nachweises erfolgte durch den Einsatz eines 5' Digoxigenin-markierten Primers in der PCR, als Ersatz für die doppelsträngige Digoxigenin-markierte Detektionssonde.

2.2.7.3.1   Beschichtung der Mikrotiterplatte mit Fangsonde

Für den Nachweis von PCR Amplifikaten wurden Streptavidin beschichtete Mikrotiterplatten mit einer Biotin-Bindekapazität von 7 ng/well verwendet (MicroCoat Beschichtungstechnik, Penzberg). Zur Ermittlung der optimalen Einsatzmenge der jeweiligen Sonden wurden in einer Versuchsreihe die Vertiefungen der Mikrotiterplatte mit unterschiedlichen Mengen (0,6 pmol, 0,9 pmol, 1,2 pmol, 2,4 pmol) biotinylierter Fangsonde (Kap. 2.1.5) in 200 µl Bindungspuffer (Kap. 2.1.3) über zwei Stunden bei Raumtemperatur inkubiert. Vor der Verwendung zur Hybridisierung wurde der Bindungspuffer entfernt.

2.2.7.3.2   Nachweis von Amplifikaten nach dem Prinzip des ELISA

Vorbereitung der Proben
5 µl des PCR Ansatzes und 100 fmol Digoxigenin-markierter doppelsträngiger Detektionssonde (Kap. 2.2.4) wurden in 100 µl Hybridisierungspuffer (Kap. 2.1.3) 10 Minuten bei 95 °C denaturiert. Die denaturierten Proben wurden 5 Minuten im Eisbad gekühlt und dann in die mit je 1,2 pmol Fangsonde pro Vertiefung beschichtete Mikrotiterplatte überführt. Bei der Verwendung des Digoxigenin-markierten Primers ST13 in der PCR erfolgte der Hybridisierungsansatz ohne den Zusatz der Detektionssonde.

Hybridisierung und Detektion der Proben
Die Hybridisierung erfolgte für 30 Minuten bei 60 °C. Nicht gebundene Amplifikate wurden durch 4 x 2 Minuten Waschen mit Waschpuffer I (Kap. 2.1.3) bei 60 °C entfernt. Anschließend erfolgte die Inkubation mit dem anti-Dig AP Konjugat (Boehringer Mannheim Kat. Nr. 1093274). Dazu wurden in jede Kavität je 100 µl einer 1:3000 in Waschpuffer II (Kap. 2.1.3) verdünnten Antikörperlösung gegeben. Nach einer Inkubation bei 37 °C für 30 Minuten wurde jede Kavität 4 x 2 Minuten mit Waschpuffer II (Kap. 2.1.3) bei Raumtemperatur gewaschen. Anschließend erfolgte die Zugabe von je 100 µl des in 0,2 M Tris Puffer gelösten farblosen Substrates para-Nitrophenyl Phosphat (Sigma Produkt Nr. N-1891). Für die Farbreaktion wurde die Mikrotiterplatte im Dunkeln bei 37 °C inkubiert.

$$\text{pNPP (farblos)} \xrightarrow{\text{Alkalische Phosphatase/Zn}^{2+}\ \text{pH} > 8.0} \text{p-Nitrophenol (gelb)} + PO_4$$

Die Auswertung erfolgte nach 1 - 2 Stunden durch Messung der Extinktion im ELISA-Reader (V_{max}, Molecular Devices) bei einer Wellenlänge von 405 nm.

2.2.7.3.3   Ermittlung der Nachweiseffizienz

Wildtyp- und Standard-Plasmid-DNA (Kap. 2.2.9) wurde in dekadischen Verdünnungen von 100 ag bis 10 ng mit den Primerkombinationen ST11/ST15, ST11/ST13Dig bzw. ST12/ST15 amplifiziert (Kap. 2.1.5). Der Nachweis der Amlifikate wurde durch die spezifische Hybridisierung in Streptavidin-beschichteten Mikrotiterplatten, die zuvor mit 1,2 pmol pro Kavität der entsprechenden Fangsonden beschichtet worden waren, durchgeführt. Für den Nachweis der nicht direkt Dig-endmarkierten Amplifikate wurden je Kavität 100 fmol Dig-markierte Detektionssonde eingesetzt. Der Ausschluß einer unspezifischen Hybridisierung erfolgte durch Kreuzhybridisierungen zwischen Amplifikaten der Wildtyp-DNA und ST-Fangsonde, sowie zwischen WT-Fangsonde und Amplifikaten der Standard-DNA.

2.2.8 Enzymatische Sequenzierung

Die Sequenzierung wurde nach der Didesoxy-Methode gemäß dem Protokoll der Fa. Perkin Elmer Applied Biosystems durchgeführt. Zur Anwendung kam das Prinzip des "Cycle Sequencing" mit *Taq* DNA-Polymerase und 5' fluoreszenzmarkierten Primern. Die einzelnen Sequenzierreaktionen wurden entsprechend dem nachfolgenden Pipettierschema durchgeführt (Kap. 2.2.8.2). Als "template" diente DNA in Form von Plasmiden sowie gereinigte PCR Amplifikate (Kap. 2.2.8.1). Für die einzelnen Reaktionen wurden 50 fmol DNA (A/C Reaktion) bzw. 100 fmol DNA (G/T Reaktion) eingesetzt. Nach Beendigung der Sequenzierreaktionen wurden die einzelnen Ansätze vereinigt und mit 1/10 Volumen 3 M Natriumacetat (pH 5.0) und 2,5 Volumen absolutem Ethanol bei -20 °C gefällt. Anschließend wurden die Proben 20 Minuten mit 15.000 x g bei 4 °C zentrifugiert (Eppendorf Kühlzentrifuge 5403), das Pellet zweimal in Ethanol (70 %) gewaschen und in 3 µl eines 6:1 Gemisches aus deionisiertem Formamid und 50 mM EDTA resuspendiert. Die Proben wurden vor dem Auftragen auf das Polyacrylamidgel für 2 Minuten bei 90 °C inkubiert und anschließend auf Eis gekühlt.

Die Bestimmung der DNA-Sequenz erfolgte mit dem automatischen DNA Sequenzer Modell 373 A der Fa. Perkin Elmer Applied Biosystems.

2.2 8.1 Präparation der DNA

DNA in Form von PCR-Produkten und Plasmid-DNA mit einem Salmonellen-spezifischen Insert wurden über eine präparative Gelelektrophorese aufgereinigt (Kap. 2.2.4.2). Die Elution der DNA aus der Agarose erfolgte nach Anleitung des QIAquick Gel Extraction Kit (Kap. 2.1.4).

2.2.8.2 Sequenzierreaktion

Die Sequenzierung wurde in 0,2 ml Reaktionsgefäßen durchgeführt (Biozym Art. Nr. 710950).

PCR-Ansatz zur Sequenzierung

Reagenz	A/C Reaktion	G/T Reaktion
Taq-DNA Polymerase Mix	1 µl	2 µl
5 x Puffer	1 µl	2 µl
dd/dNTP's	1 µl	2 µl
Primer (0.4 pmol)	1 µl	2 µl
DNA	50 fmol/2.5 µl	100 fmol/5 µl

Temperaturprofil der Sequenzierreaktion

Anzahl der Zyklen	Temperatur [°C]	Zeit [Minuten]
	95	0.5
15	55	0.5
	70	1.0
15	95	0.5
	70	1.0

2.2.8.3 Herstellung von Polyacrylamidgelen

Die Auftrennung der Produkte der Sequenzierreaktionen erfolgte in 6,7 %igen Polyacrylamidgelen (Länge 40 cm, Dicke 0,4 mm).

Zusammensetzung des Sequenziergels

Nr.	Reagenz	Menge
1	Aqua dest. (Braun)	22 ml
2	Harnstoff (Merck)	30 g
3	Acrylamid/Bisacrylamid Lösung 19:1	10 ml
4	Ionenaustauscher (Biorad)	0.5 g
5	10 x TBE Puffer	6 ml
6	TEMED (Biorad)	27 µl
7	10 % Ammoniumpersulfat (Sigma)	150 - 200 µl

Die Reagenzien 1 - 4 wurden im Wasserbad bis zur vollständigen Auflösung des Harnstoffs mit einem Magnetrührer gerührt und anschließend filtriert (Millipore Filter Porengröße 0,45 µm). Danach erfolgte die Zugabe von filtriertem 10 x TBE Puffer (Kap. 2.1.3), TEMED und Ammoniumpersulfat. Für die Elektrophorese wurde 1 x TBE Puffer verwendet (Kap. 2.1.3).

2.2.9 Interner Standard für die PCR

Als interner Standard diente linearisierte Plasmid-DNA mit einem Salmonellen-spezifischen Insert. Das Insert unterscheidet sich durch eine Deletion von 6 Basenpaaren von dem durch das Primerpaar ST11/ST15 generierten 429 bp Amplifikat (Kap. 2.1.5). Die Deletion erfolgte durch eine in vitro-Mutagenese mittels PCR. Das entstandene 423 bp Fragment wurde in das pGEM-T Vektor System ligiert (Kap. 2.2.9.2) und in den Stamm E. coli XL-1 blue transformiert (Kap. 2.1.1, Kap. 2.2.9.3.2). Die Klone wurden zur Verifizierung der Deletion sequenziert (Kap. 2.2.8). Der Vektor mit dem 429 bp Salmonellen-Insert wurde als Wildtyp-Plasmid-DNA, der Vektor mit dem 423 bp Salmonellen-Insert wurde als Standard-Plasmid-DNA bezeichnet.

2.2.9.1 In vitro-Mutagenese mittels PCR

Das Design von zwei Primern zur in vitro-Mutation mittels PCR wurde durch den Abgleich der Sequenzdaten 20 verschiedener Salmonellen Serovare vorgenommen. Der Vergleich der Sequenzen erfolgte mit Hilfe des Programms DNASIS 7.0 (Hitachi). Durch die Kombination der Primer

ST11 und ST11a/ST11b (Kap. 2.1.5) wurde in der PCR ein 253 bp großes Amplifikat hergestellt. Die Verwendung der Primerkombination ST15 und ST15a/ST15b (Kap. 2.1.5) ergab in der PCR ein 224 bp Fragment. In der nachfolgenden PCR wurde mit der Primerkombination ST11/ST15 (Kap. 2.1.5) und den PCR-Teilfragmenten (1:1 Mischung) als "template"-DNA ein Amplifikat mit einer Länge von 423 bp generiert.

Temperaturprofil zur Herstellung der DNA-Teilfragmente

	Temperatur [°C]	Zeit [Minuten]
Initiale Denaturierung	95	5
35 Zyklen	95	0.5
	72	0.5
Terminale Elongation	72	5

Temperaturprofil zur Primerverlängerung

	Temperatur [°C]	Zeit [Minuten]
Initiale Denaturierung	94	1
Anlagerung	50	2
"ramp" Zeit	50 - 72	10
Elongation	72	5
Denaturierung	94	5
35 Zyklen	72	0.5
	94	0.5
Terminale Elongation	72	5

2.2.9.2.   Ligation von PCR-Produkten

Die Ligation der PCR-Produkte wurde mit T4-DNA Ligase durchgeführt. Dieses Enzym katalysiert die Bildung von Phosphodiesterbindungen zwischen gegenüberliegenden 5' Phosphat- und 3' Hydroxylgruppen. Zur Ligation des 423 bp langen PCR Amplifikates wurde das pGEM-T Vektor System entprechend den Herstellerangaben verwendet (Promega Kat. Nr. A3600). Die Ligationsansätze wurden so gewählt, daß ein Molaritätsverhältnis von 3:1 (Amlifikat:Vektor) vorlag. Die Ligationen erfolgten in einem Reaktionsvolumen von 10 - 20 µl für 5 bis 6 Stunden bei 16 °C.

2.2.9.3.   Transformation

2.2.9.3.1   Herstellung kompetenter Zellen

Aus einer 25 ml ü. N. Kultur von *E. coli* XL-1 blue (Kap. 2.1.1) in LB-Medium (Kap. 2.1.2) mit 20 µg/ml Tetracyclin wurden 5 ml in 500 ml LB-Medium überimpft und auf einem Rundschüttler mit 250 rpm bei 37 °C (SM 25 mit Thermohaube, Bühler Laborgerätebau Tübingen) inkubiert, bis das Bakterienwachstum eine OD_{550} von 0,5 hatte. Durch eine Zentrifugation bei 5.000 x g und 4 °C für 15 Minuten (Sorvall RC5C, Du Pont) wurden die Zellen sedimentiert, anschließend in 125 ml einer auf 4 °C temperierten 0,1 M $MgCl_2$-Lösung aufgenommen und erneut bei 5.000 x g zentrifugiert. Das Zellpellet wurde in einer 4 °C kalten 0,1 M CaCl$_2$-Lösung resuspendiert und 20 Minuten auf Eis inkubiert, bevor eine erneute Zentrifugation bei 5.000 x g, 4 °C für 15 Minuten erfolgte. Die Bakterien wurden in 43 ml einer 4 °C kalten 0,1 M CaCl$_2$-Lösung resuspendiert, die zuvor mit 7 ml Glycerin versetzt wurde. Aliquots von je 200 µl wurden in flüssigem Stickstoff eingefroren und bei -80 °C gelagert oder sofort für die Transformation eingesetzt (Kap. 2.2.9.3.2).

2.2.9.3.2   Transformation von *E.coli*-Zellen

Die Transformation wurde nach einer Abwandlung des Standardprotokolls des pGEM-T Vektor Kits durchgeführt (Promega 1993). Dazu wurden zu 200 µl kompetenten Zellen des Stammes *E. coli* XL-1 blue (Kap. 2.2.9.3.1) 5 µl des Ligationsansatzes gegeben (Kap. 2.2.9.2). Die Ligation erfolgte 30 Minuten im Eisbad, danach wurde 90 Sekunden ein Hitzeschock bei 42 °C durchgeführt und erneut 2 Minuten auf Eis gekühlt. Nach Zugabe von 1,5 ml LB-Flüssigmedium (Kap. 2.1.2) wurde der Ligationsansatz bei 37 °C für 1 Stunde inkubiert und auf LB-Festmedium mit Ampicillin/IPTG/X-Gal ausplattiert (Kap. 2.1.2). Nach Inkubation über Nacht bei 37 °C konnten die Kolonien rekombinanter- bzw. nicht-rekombinanter *E. coli* Klone durch die Expression des lacZ alpha - Peptids in Stämmen mit einer lacZΔM 15 Deletion anhand der blau-weiß Färbung identifiziert werden.

2.2.9.4   Isolierung von Plasmid-DNA

3 ml LB-Flüssigmedium mit 100 µg/ml Ampicillin (Kap. 2.1.2) wurden mit einer Einzelkolonie angeimpft und ü. N. bei 37 °C und 120 rpm inkubiert (Rundschüttler SM 25, Bühler Laborgerätebau Tübingen). 1,5 ml der Zellsuspension wurden 5 Minuten bei 3.570 x g sedimentiert (Epppendorf Tischzentrifuge 5415C). Das Pellet wurde in 200 µl STET-Puffer aufgenommen (Kap. 2.1.3) und anschließend mit 20 µl Lysozym (10 mg/ml) versetzt. Der Ansatz wurde für 50 Sekunden bei 95 °C gekocht und danach 10 Minuten bei 10.700 x g und 4 °C zentrifugiert (Eppendorf Kühlzentrifuge 5403). Der Überstand wurde in ein neues Reaktionsgefäß gegeben. Zur Fällung der Plasmid-DNA wurde 1/10 Volumen 3 M Natriumacetat (pH 5.0) und 1 Volumen Isopropanol zugegeben. Anschließend wurde 10 Minuten bei 10.700 x g zentrifugiert (Eppendorf Kühlzentrifuge 5403) und das Pellet zweimal in 70 %igem Ethanol gewaschen, getrocknet und in 55 µl TE Puffer aufgenommen (Kap. 2.1.3). Die Lagerung erfolgte bei –20 °C.

2.2.9.4.1   Restriktionsspaltung von Plasmid-DNA

Zur Überprüfung der durch Transformation erhaltenen Klone erfolgte eine Spaltung von 5 µl Plasmid-DNA mit dem Restriktionsenzym *Pvu*II (10 u/µl Boehringer Mannheim). Plasmide, die das Insert trugen, wurden für die präparative Bearbeitung mit *Sca*I linearisiert (10 u/µl Boehringer Mannheim). Die Inkubation der Reaktionsansätze erfolgte bei 37 °C im Brutschrank (Heraeus Instruments).

Reaktionsansatz

Reagenz	Analytische Spaltung mit *Pvu* II Menge [µl]	Präparative Spaltung mit *Sca* I Menge [µl]
Plasmid-DNA	5	50
Pvu II (10 u/µl)	0.2	-
*Sca*I (10 u/µl)	-	2
RNase A (10mg/ml)	1	2
Puffer	1	6
Aqua dest.	2.8	-

Nach der Spaltung wurde die Plasmid-DNA in einem 0,8 %igen Agarosegel aufgetrennt (ultra PURE™ LMP-Agarose, Gibco BRL Kat. Nr. 5517UA). Die Elektrophorese wurde mit 80 V in 1 x TA Puffer durchgeführt (Kap. 2.1.3). Die Präparation linearisierter Plasmid-DNA erfolgte gemäß dem Protokoll des QIAquick Gel Extraction Kit (Qiagen Kat. Nr. 28704). Die Konzentrationsbestimmung wurde photometrisch bei 260 nm durchgeführt (Gene Quant II Pharmacia).

2.2.10   Kompetitive PCR

Das Prinzip der kompetitiven PCR besteht darin, daß die Sequenz der Ziel-DNA mit der als exogenes Template zugesetzten internen Standard-DNA (modifizierte DNA) um das gleiche Primerpaar konkurriert. Zur Etablierung eines solchen Systems wurde eine Verdünnung der Ziel-DNA mit einer konstanten Menge der Standard-DNA amplifiziert (Abb. 8).

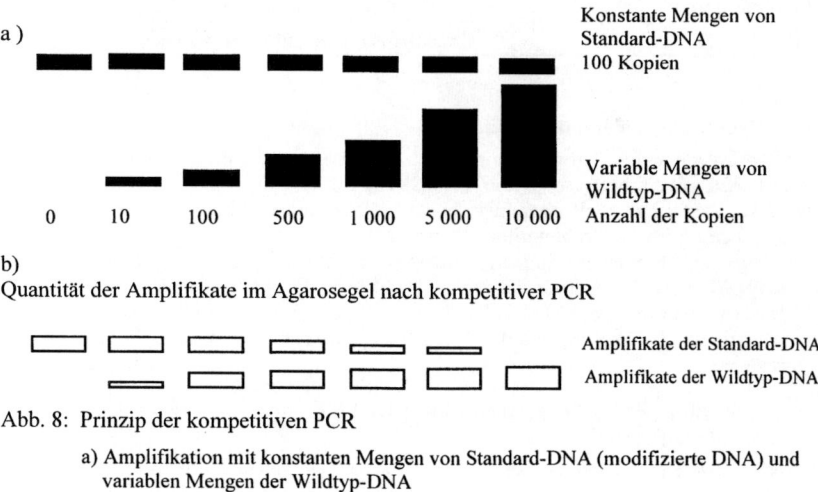

Abb. 8: Prinzip der kompetitiven PCR

a) Amplifikation mit konstanten Mengen von Standard-DNA (modifizierte DNA) und variablen Mengen der Wildtyp-DNA
b) Schematische Darstellung der Ergebnisse im Agarosegel

2.2.11 Isolierung von Salmonella Serovar Typhimurium durch differentielle Zentrifugation

Um Salmonellen effizient aus verschiedenen Lebensmitteln zu isolieren und gleichzeitig eine Abtrennung der Matrix zu gewährleisten, wurden Milchpulver, Schokolade und Kakao mit je 1 x 105 KBE S. Typhimurium (Stamm 2712/93) pro Gramm inokuliert und 1:10 in Salmosyst® verdünnt (Merck, Darmstadt). Je 1 ml der Proben wurden im 6 fachen Ansatz bei 50 x g, 100 x g, 250 x g, 500 x g oder 1000 x g zentrifugiert (Eppendorf Kühlzentrifuge 5403). Durch eine anschließende Keimzahlbestimmung aus dem Überstand durch Ausplattierung einer Verdünnung auf Rambach Agar (Kap. 2.1.2) wurde der zentrifugationsbedingte Verlust an Mikroorganismen bestimmt. Als Kontrolle diente die Keimzahlbestimmung in der jeweiligen Matrix ohne Zentrifugation.

2.2.12 DNA-Reinigung

Die Reinigung der Extrakte aus den verschiedenen Lebensmitteln (Kap. 2.1.6) wurde mit verschiedenen Reinigungssystemen durchgeführt. Die Systeme wurden bezüglich ihrer Reinigungseffizienz und ihres DNA-Verlustes vergleichend bewertet.

2.2.12.1 Reinigungsssysteme

Produkt	Prinzip der Reinigung
Gene Clean® Kit BIO 101 Inc.	Adhäsionseffekt von Nukleinsäuren an Silikatpartikel
QIAquick PCR Purification Kit	DNA-Adsorption an eine Silicamembran
QIAamp Blood Kit	DNA-Adsorption an eine Silicamembran
Mobi Spin S-300	Gelfiltration mit Sephacryl
QIAGEN Tip 20	Ionen-Austausch Chromatographie

2.2.12.2 Ermittlung der Reinigungseffizienz

Extrakte aus Schokolade und Kakao wurden im 4 fach Ansatz entsprechend dem Protokoll zur Aufarbeitung von Lebensmitteln hergestellt (Kap. 2.2.6.3) und mit den verschiedenen Systemen (Kap. 2.2.12.1) nach Angaben der Hersteller gereinigt. In der anschließenden PCR wurden pro Ansatz 1 ng DNA von Salmonella Serovar Typhimurium (Stamm 2712/93) in Gegenwart einer aufsteigenden Menge (0,001 mg - 20,0 mg) des gereinigten Extraktes amplifiziert. Als Kontrolle dienten ungereinigte Extrakte (0,001 mg – 12,5 mg) aus Schokolade und Kakao. Die Mengenangaben beziehen sich jeweils auf das Trockengewicht der Matrix. Die Effizienz der Beseitigung inhibitorischer Substanzen wurde qualitativ durch den Vergleich der PCR-Ergebnisse nach Zugabe ungereinigter bzw. gereinigter Extrakte ermittelt.

2.2.12.3 Ermittlung der DNA-Verluste durch den Einsatz verschiedener Reinigungssysteme

Der DNA-Verlust wurde photometrisch bei einer Wellenlänge von 260 nm bestimmt (Gene Quant II Pharmacia). Dazu wurden jeweils im 4 fach Ansatz die Menge von 0,2 OD einer doppelsträngigen DNA mit den fünf Systemen (Kap. 2.2.12.1) entsprechend den Herstellerangaben gereinigt. Die Konzentration der DNA wurde erneut photometrisch bestimmt. Durch den Vergleich der DNA-Mengen vor und nach dem Einsatz der Reinigungssysteme konnte der systembedingte DNA-Verlust ermittelt werden.

3 Ergebnisse

Für die Nachweisbarkeit von Salmonellen sind nicht nur die jeweilige Matrix, sondern auch die vorangegangene Bearbeitung und Lagertemperatur der Lebensmittel sowie das Anreicherungsmedium von großer Wichtigkeit. Daher werden diese Aspekte im ersten Teil dieses Kapitels dargestellt.

Im zweiten Teil erfolgt die Darstellung der Ergebnisse zur Etablierung eines PCR-Nachweises von Salmonellen in verschiedenen Lebensmittelmatrices. Auf Grundlage der durchgeführten Sequenzierungen konnte durch eine *in vitro*-Mutagenese mittels PCR ein interner Standard entwickelt und ein kompetitives PCR-System etabliert werden. Im Hinblick auf eine routinemäßige Anwendung wurde der spezifische Nachweis der PCR-Produkte kolorimetrisch in Streptavidin-beschichteten Mikrotiterplatten etabliert.

3.1 Inokulationsexperimente

Für den Nachweis von Salmonellen in Lebensmitteln ist die Lebensmittelmatrix ein wesentlicher Faktor, der über den Erfolg der Methode entscheidet. Neben inhibitorisch wirksamen Substanzen, die die Aktivität der *Taq*-DNA-Polymerase in der PCR beeinflussen, kann auch die Zusammensetzung von Lebensmitteln das Wachstum von Mikroorganismen beeinträchtigen. Problematische Matrices aufgrund bakterizider Substanzen sind z. B. kakaohaltige Lebensmittel. Da eine Unterscheidung zwischen lebenden und toten Mikroorganismen durch die PCR nicht möglich ist, kann durch eine dem PCR-Nachweis vorangehende Kultur die selektive Erfassung lebender Zellen sichergestellt werden. Dazu wurde das Wuchsverhalten verschiedener *Salmonella* Serovare in Abhängigkeit unterschiedlicher Parameter untersucht.

3.1.1 Wachstumskinetik von *Salmonella* Serovar Typhimurium in Vollmilchpulver

Zur Beurteilung einer subletalen Schädigung durch die Lagerzeit wurde Vollmilchpulver mit Salmonellen inokuliert (Kap. 2.2.2). Anschließend erfolgte über einen Zeitraum von 0 bis 18 Wochen die Erstellung von Wachstumskurven (Kap. 2.2.2.1). Neben der Wachstumskinetik (Abb. 9) wurden die prozentualen Überlebensraten (Abb. 10) in Abhängigkeit von der Lagerzeit ermittelt.

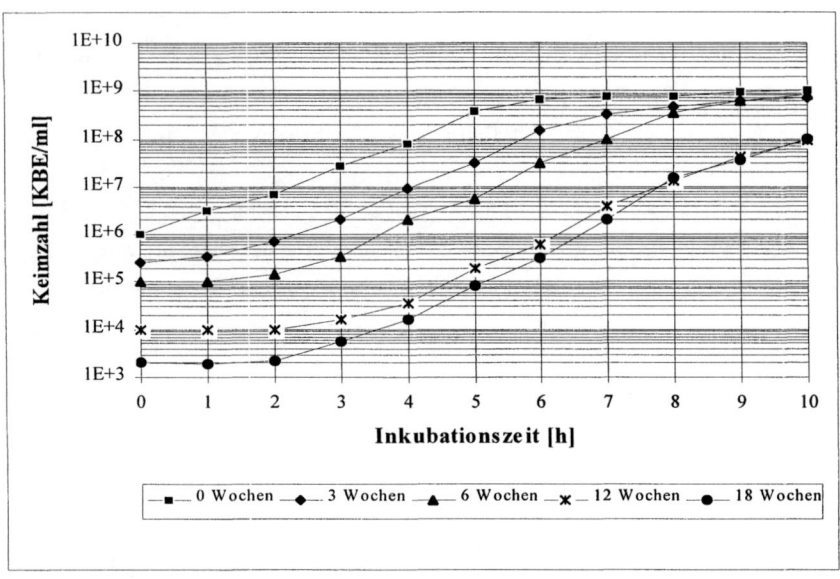

Abb. 9: Wachstumskinetik des *Salmonella* Serovars Typhimurium (Stamm 2712/93) nach unterschiedlichen Lagerzeiten (0 – 18 Wochen) in Vollmilchpulver bei Raumtemperatur (23 - 27 °C)

Die graphische Darstellung der Wachstumskurven zeigt mit zunehmender Lagerzeit eine Abnahme der Ausgangskeimzahl (Abb. 9). Die initial ermittelte Ausgangskeimzahl von $1,0 \times 10^6$ KBE/ml sank innerhalb von 18 Wochen nach der Inokulation bis auf $2,0 \times 10^3$ KBE/ml. Zu Beginn der Aufnahme der Wachstumskurve nach einer 3-wöchigen Lagerzeit wurde eine Ausganskeimzahl von $2,6 \times 10^5$ KBE/ml ermittelt. Die Ausgangskeimzahl lag nach 6 Wochen bei $1,0 \times 10^5$ KBE/ml und nach 12 Wochen bei $1,0 \times 10^4$ KBE/ml. Unabhängig von der Ausgangskeimzahl sowie der Lagerzeit nach der Inokulation wurde nach der Kulturdauer von 10 Stunden eine Lebendkeimzahl von $1,0 \times 10^8$ bis $1,0 \times 10^9$ KBE/ml ermittelt.

Die lag-Phasen zeigten in Abhängigkeit von der Lagerzeit eine deutliche Zunahme. Nach einer Lagerzeit von 3 Wochen betrug die lag-Phase ca. 1,0 Stunden, die nach 6 Wochen auf bis zu 2,0 Stunden anstieg. Ein weiterer Anstieg auf 2,0 bis 3,0 Stunden war nach 12 Wochen Lagerzeit zu beobachten. Die Verlängerung der Lagerzeit auf 18 Wochen ergab keine weitere Zunahme dieser Kulturphase.

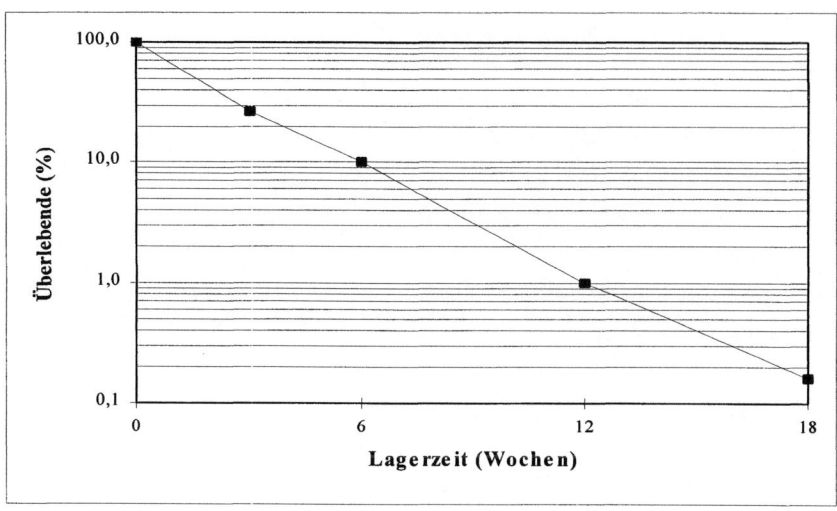

Abb. 10: Überlebensrate (%) des *Salmonella* Serovars Typhimurium (Stamm 2712/93) in Abhängigkeit von der Lagerzeit in Vollmilchpulver

Bereits nach 6 Wochen waren 90,0 % der ursprünglich eingesetzten Salmonellen nicht mehr kultivierbar (Abb. 10). Nach weiteren 6 Wochen ließ sich mit Beginn der Aufnahme der Wachstumskurve nur noch 1,0 % der Ausgangskeime in einer Kultur ermitteln und nach 18 Wochen war ihre Ausgangskeimzahl auf 0,18 % des Anfangswertes gesunken.

Die Daten zeigen deutlich, daß die Lagerung in Vollmilchpulver einen großen Einfluß auf das Wachstumsverhalten der Salmonellen hat. Dies äußert sich sowohl in der starken Abnahme kultivierbarer Mikroorganismen (Abb. 10), als auch in der Verlängerung der Erholungsphasen mit fortschreitender Lagerung der beimpften Proben. Unabhängig von der Ausgangssituation wurde in allen Fällen ein exponentielles Bakterienwachstum beobachtet, das bei der zu Beginn (0 Wochen) aufgenommenen Wachstumskurve bereits nach 6 Stunden in die stationäre Phase überging. Bei den nach 3 und 6 Wochen durchgeführten Kultivierungen wurde diese Phase durch eine 9 – 10 stündige Kulturdauer ebenfalls erreicht. Bedingt durch die Zunahme der lag-Phasen in Abhängigkeit der Lagerzeit wurde die stationäre Wachstumsphase der 12 bzw. 18 Wochen gelagerten Salmonellen innerhalb der Kulturzeit jedoch nicht erreicht (Abb. 9).

3.1.2 Wachstumskinetik von *Salmonella* Serovar Typhimurium in Schokolade

Mit *S.* Typhimurium inokulierte Schokolade (Kap. 2.2.2) wurde wie in Kap. 2.2.2.1 beschrieben untersucht. Die durchschnittlichen prozentualen Überlebensraten wurden aus den zu Versuchsbeginn ermittelten Keimzahlen errechnet. Aus den Wachstumskurven konnten die lag-Phasen zu den jeweiligen Zeiten nach der Inokulation ermittelt werden.

Tab. 4: Überlebensraten (%) und Dauer der lag-Phasen (in h) des *Salmonella* Serovars Typhimurium (Stamm 2712/93) nach unterschiedlichen Lagerzeiten in Vollmilchschokolade

Lagerzeit (Wochen)	Keimzahl (KBE/ml)	Überlebensrate (%)	lag-Phase (h)
0	$2,4 \times 10^4$	100,0	ca. 1,0
2	$2,9 \times 10^2$	1,2	1,5 - 2,0
4	$1,2 \times 10^2$	0,5	2,0 - 3,0
6	$7,0 \times 10^1$	0,3	2,0 - 3,0
8	$< 1,0 \times 10^1$	< 0,05	2,0 - 3,0
16	$< 1,0 \times 10^1$	< 0,05	3,0 - 4,0

Bereits innerhalb der ersten 2 Wochen sank die durchschnittliche Rate der kultivierbaren Salmonellen von 100 % auf 1,2 % (Tab. 4). Mit Vollmilchpulver wurde eine vergleichbar geringe Überlebensrate erst nach 12 Wochen erreicht (Abb. 10). Nach 4 Wochen konnten durch eine Kultivierung nur noch 0,5 % der ursprünglich in Vollmilchschokolade inokulierten Mikroorganismen nachgewiesen werden. Nach 6 Wochen lag die Überlebensrate bei 0,3 % und nach 8 Wochen bei nur noch < 0,05 %.

Ohne Lagerzeit des Inokulums wurde bereits eine lag-Phase von ca. einer Stunde ermittelt. Nach 2 bis 4 Wochen Lagerzeit hatte sich die lag-Phase der Wachstumskurve verdoppelt. Im Beobachtungszeitraum von 16 Wochen stieg sie bis auf 4 Stunden an.

3.1.3 Wachstumskinetik von verschiedenen *Salmonella* Serovaren in Kakao

Wie mikrobiologische Untersuchungen belegen, können bakterizide Substanzen des Kakaos in Anreicherungskulturen zu einem verminderten Keimwachstum führen (Zapatka *et al.*

1977). Desweiteren können Inhaltsstoffe des Kakaos, die als Verunreinigungen der DNA-Extrakte in den PCR-Ansatz übertragen werden, in einem erheblichen Umfang zu einer Inhibition der PCR führen (Kap. 3.5). Somit ist der PCR-Nachweis von Salmonellen aus kakaohaltigen Lebensmitteln in doppelter Hinsicht problematisch. In Vorversuchen wurde das Wuchsverhalten von den *Salmonella* Serovaren Typhimurium (Stamm 2712/93) und Poona (BC 2175) sowie einem Serovar der *S. enterica* Subspezies *diarizonae* (IIIb 47: r: z_{53}, BC 2425) in Kakao, wie in Kap. 2.2.2.1 beschrieben, ermittelt. Da zwischen den verwendeten *Salmonella* Serovaren keine wesentlichen Unterschiede auftraten, ist in der nachfolgenden Grafik exemplarisch das Ergebnis von *S. enterica* Subspezies *diarizonae* dargestellt.

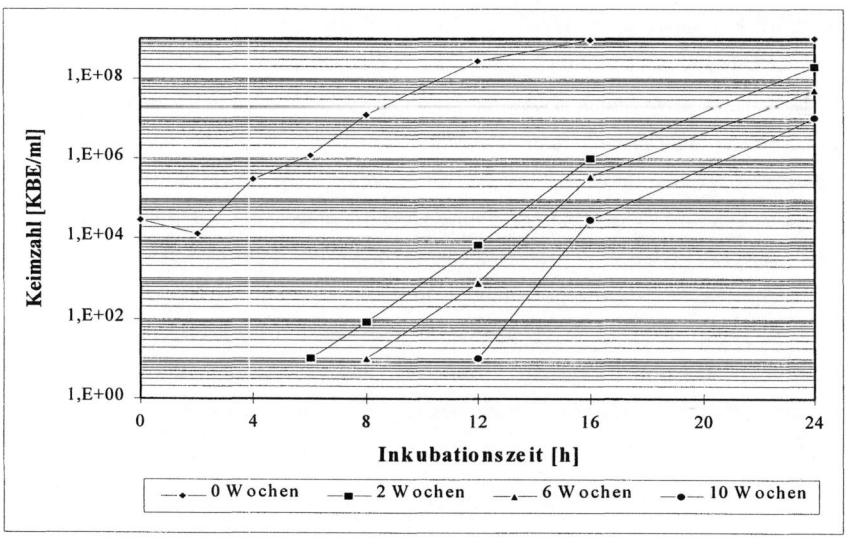

Abb. 11: Wachstumskinetik von *Salmonella enterica* Subspezies *diarizonae* (BC 2425) nach unterschiedlichen Lagerzeiten (0 – 10 Wochen) in Kakao bei Raumtemperatur (23 - 27 °C)

Zu Beginn der Untersuchung (0 Wochen) wurde eine Wachstumskurve erstellt, die als Grundlage zur Beurteilung der Auswirkung unterschiedlicher Lagerzeiten von Salmonellen in Kakao diente. Erst nach einer lag-Phase von ca. 2 Stunden kam es zu einem exponentiellen Zellwachstum, das nach 16 Stunden in die stationäre Phase überging. Die erreichte Keimzahl lag bei 1×10^9 KBE/ml (Abb. 11). Bereits nach 2 Wochen Lagerzeit konnte erst nach einer 6-

stündigen Kultur, bedingt durch die methodische Nachweisgrenze, eine Keimzahl von 10 KBE/ml ermittelt werden. Innerhalb des Beobachtungszeitraumes von 10 Wochen stieg diese Phase bis auf 12 Stunden an. Die nach 16 Stunden Kultur erreichten Zelltiter lagen zwischen 2×10^4 und 1×10^6 KBE/ml. Trotz der mit zunehmender Lagerzeit verringerten Zelltiter kam es im Anschluß daran in allen Fällen zu einem exponentiellen Wachstum. Die errechneten Generationszeiten lagen im Durchschnitt bei 30 Minuten.

Die Unterschiede in den Überlebensraten (kultivierbare Salmonellen) und lag-Phasen der Wachstumskurven von Salmonellen belegen deutlich den Einfluß der Lebensmittelmatrix auf das Wachstum dieser Mikroorganismen. Während die Salmonellen in Vollmilchpulver nach 3 Wochen noch eine 30 %ige Überlebensrate aufwiesen, lag diese in Schokolade und Kakao nach 2 Wochen hingegen bei 1,2 % bzw. bei 0,04 %. Bezüglich der lag-Phase gab es zwischen der Inokulation in Vollmilchpulver oder Schokolade nur geringe Unterschiede. Einer lag-Phase von ca. einer Stunde nach einer Lagerung von 3 Wochen in Vollmilchpulver standen 1,5 bis 2,0 Stunden nach einer Lagerung von 2 Wochen in Schokolade gegenüber. Im Gegensatz dazu wurde für diese Phase des Wachstums in Kakao schon zu Beginn der Untersuchung (0 Wochen) ca. 2,0 Stunden ermittelt. Bei der Entwicklung eines Nachweissystems für Bakterien in verschiedenen Lebensmitteln muß dies berücksichtigt werden.

Um das Ausmaß der bakteriziden Wirkung von Kakaopulver auf das Wachstum von Salmonellen zu beurteilen, wurde S. Typhimurium in verschiedenen Endkonzentrationen von Kakaopulver in Salmosyst® Basisbouillon (Kap. 2.1.2) inkubiert. Als Kontrolle diente die Kultur ohne den Zusatz von Kakao. Nach einer Inkubation von 8 Stunden bei 37 °C erfolgte die Keimzahlbestimmung auf MLCB-Agar und Rambach-Agar (Kap. 2.2.2.2).

Tab. 5: Zellzahl von *Salmonella* Serovar Typhimurium (Stamm 2712/93) (Animpftiter 1 – 5 KBE/ml) nach 8 Stunden Kultur in Abhängigkeit der Kakaokonzentration (0 – 10 % w/v) in Salmosyst® Basisbouillon

Kakao (%w/v)	S. Typhimurium nach 8h Kultur (Mittelwert KBE/ml)	Standard-abweichung (n = 3)	KBE/ml (%) gegenüber der Kontrolle
0	$6,1 \times 10^4$	$8,1 \times 10^2$ (1,3 %)	Kontrolle
2	$1,2 \times 10^3$	$6,7 \times 10^1$ (5,5 %)	2,0
4	$6,3 \times 10^2$	$2,5 \times 10^1$ (3,9 %)	1,0
6	$4,9 \times 10^2$	$1,5 \times 10^1$ (3,0 %)	0,8
8	$3,8 \times 10^2$	$1,6 \times 10^1$ (4,2 %)	0,6
10	$3,6 \times 10^2$	$3,3 \times 10^1$ (9,1 %)	0,6

Bereits bei einer Konzentration von 2 % (w/v) Kakaopulver ist das Keimwachstum deutlich vermindert. Während bei den Kontrollen $6,1 \times 10^4$ KBE/ml ermittelt wurden, entspricht eine Lebendkeimzahl von $1,2 \times 10^3$ KBE/ml einem relativen Keimzuwachs von nur 2%. Ein Anteil von 10 % Lebensmittelmatrix, wie er üblicherweise bei einem mikrobiologischen Nachweis vorhanden ist (Amtliche Sammlung von Untersuchunsverfahren nach § 35 LMBG), verringert das Wachstum von Salmonellen auf 0,6 % gegenüber dem Kontrollwert.

Zur Minimierung des bakteriziden Effektes von Kakaopulver wurde in der Vergangenheit die Adsorbersubstanz Casein als Zusatz im Kulturmedium beschrieben (Zapatka *et al.* 1977, de Smedt *et al.* 1991, Baumgart *et al.* 1998). Deshalb wurde in dieser Arbeit der Einfluß von H-Milch als natürlichen Adsorber auf das Salmonellenwachstum in Kakaopulver untersucht (Kap. 2.2.2.2). Der prozentuale Anteil von H-Milch im Kulturmedium lag dabei zwischen 20 % und 100 % bei einem gleichbleibenden Kakaoanteil. Das dabei erzielte Ergebnis nach einer 8 stündigen Kultur ist in Tabelle 6 zusammengefaßt.

Tab. 6: Zellzahl von *Salmonella* Serovar Typhimurium (Stamm 2712/93) (Animpftiter 1 – 5 KBE/ml) nach 8 Stunden Kultur in Abhängigkeit des H-Milch- und Kakao-Anteils im Kulturmedium

Anteil im Kulturmedium		S. Typhimurium nach 8h Kultur (KBE/ml)	Standard-abweichung (n = 3)	KBE gegenüber der Kontrolle (%)
Kakao (% w/v)	H-Milch (% v/v)			
10	0	$7,0 \times 10^2$	$1,7 \times 10^1$ (2,4%)	1,4
10	20	$9,0 \times 10^3$	$1,6 \times 10^2$ (1,7%)	18,4
10	40	$8,4 \times 10^3$	$2,2 \times 10^2$ (2,7%)	17,1
10	60	$2,8 \times 10^4$	$4,7 \times 10^1$ (1,6%)	57,1
10	80	$2,6 \times 10^4$	$1,4 \times 10^2$ (5,5%)	53,1
10	100	$1,1 \times 10^4$	$1,0 \times 10^2$ (9,1%)	22,5
Kontrolle				
0	0	$4,9 \times 10^4$	$4,5 \times 10^2$ (0,9%)	100,0

Die kulturelle Anreicherung von Salmonellen in Kakao ohne den Zusatz von H-Milch im Kulturmedium erbrachte nur 1,4 % des Wachstums gegenüber dem Kontrollansatz. Bei H-Milch-Anteilen von 20 % oder 40 % bzw. 100 % lagen die erreichten Keimzahlen zwischen 17,1 % und 22,5 %. Durch den Anteil von 60 % oder 80 % H-Milch im Kulturmedium konnten im Vergleich zur Kontrolle mit 57,1 bzw. 53,1 % die besten Wachstumsraten erzielt werden. Das Kulturmedium mit einem Anteil von mindestens 60 % H-Milch sollte deshalb für den Nachweis von Salmonellen in Kakao verwendet werden.

3.2 Isolierung von Salmonella Serovar Typhimurium durch differentielle Zentrifugation

Um eine effiziente Abtrennung der Lebensmittelmatrix bei gleichzeitig geringen Verlusten von Mikroorganismen in einer Probe zu gewährleisten, wurden Versuche mit verschiedenen Zentrifugationsgeschwindigkeiten durchgeführt (Kap. 2.2.11).

Tab. 7: Prozentuale Wiederfindung im Überstand nach Inokulation verschiedener Matrices mit je 1 x 10^5 KBE / Gramm S. Serovar Typhimurium (Stamm 2712/93) in Abhängigkeit von der Zentrifugationsgeschwindigkeit

Zentrifugations-geschwindigkeit (g)	Wiederfindung (%) von S. Serovar Typhimurium in					
	Milch-pulver	SD* (%) (n = 6)	Schoko-lade	SD* (%) (n = 6)	Kakao	SD* (%) (n = 6)
50	72,5	2,5	63,9	5,5	53,4	3,4
100	58,6	2,1	43,5	3,6	42,8	3,8
250	46,0	2,3	39,6	3,5	27,9	2,7
500	40,7	2,3	23,1	4,0	9,4	1,1
1000	16,2	1,9	7,1	2,4	4,6	0,4

*SD = Standardabweichung

Die prozentuale Wiederfindungsrate von S. Serovar Typhimurium in Überständen einer 1:10 Verdünnung von Milchpulver lag nach einer Zentrifugation mit 50 x g bei durchschnittlich 72,5 %. Für Schokolade wurde unter diesen Bedingungen eine Lebendkeimzahl von 63,9 % und für Kakao von 53,4 % bestimmt. Wurde die Zentrifugationsgeschwindigkeit verdoppelt, sanken die Wiederfindungsraten von Salmonellen aus Milchpulver auf 58,6 %, aus Schokolade auf 43,5 % und aus Kakao auf 42,8 %. Eine schrittweise Erhöhung der Zentrifugationsgeschwindigkeit führte zu einer weiteren Zunahme der Verluste. Somit lagen bei der Zentrifugation mit 1000 x g die Wiederfindungsraten der Salmonellen in 1:10 verdünnten Matrices aus Milchpulver bei 16,2 %, aus Schokolade bei 7,1 % und aus Kakao bei 4,6 %. Da bei einer Zentrifugationsgeschwindigkeit von < 50 x g keine ausreichende Abtrennung der gewählten Lebensmittelmatrices erzielt werden konnte und bei Umdrehungszahlen > 50 x g die Verluste der nachzuweisenden Mikroorganismen in erheblichem Umfang zunahmen, wurde beim Nachweis von Salmonellen in Lebensmitteln zur Abtrennung der Matix eine Zentrifuation mit 50 x g durchgeführt.

3.3 Prüfung der PCR-Systeme auf ihre Spezifität

3.3.1 Spezifität innerhalb der Gattung *Salmonella*

Zur Prüfung der Spezifität der Amplifikationsprimerpaare ST11/ST15, ST11/ST13 und ST12/ST15 (Kap. 2.1.5) wurde die DNA von 202 verschiedenen *Salmonella* Serovaren aus 33 Serogruppen verwendet (Tab. 2). Die Amplifikationsreaktionen wurden entsprechend den für die Primerkombinationen optimierten Bedingungen durchgeführt (Kap. 2.2.3). Der Nachweis der Amplifikate erfolgte durch Gelelektrophorese (Kap. 2.2.7.1) und Hybridisierung der Southern-Blots mit der Digoxigenin-markierten Innenamplifikatsonde (Kap. 2.2.7.2). In Tabelle 8 sind die Ergebnisse dargestellt. Die Serovare wurden den zwei Arten *Salmonella enterica* mit 6 Subspezies (*enterica, salamae, arizonae, diarizonae, houtenae, indica*) und *Salmonella bongori* zugeordnet.

Tab. 8: Spezifität der Primerkombinationen ST11/ST15, ST11/ST13 und ST12/ST15 (Kap. 2.1.5) für die beiden Spezies der Gattung *Salmonella*
Die angegebenen Prozentzahlen beziehen sich auf die Anzahl der untersuchten Serovare, die mit den verschiedenen Primerkombinationen amplifizierbar waren,.

Salmonella Spezies	Anzahl untersuchter Serovare	Anzahl amplifikatbildender Serovare		
		ST11/ST15	ST11/ST13	ST12/ST15
S. enterica ssp. *enterica*	142	142	142	142
S. enterica ssp. *salamae*	10	10	10	10
S. enterica ssp. *arizonae*	19	2	8	19
S. enterica ssp. *diarizonae*	10	10	10	10
S. enterica ssp. *houtenae*	11	11	11	11
S. enterica ssp. *indica*	5	-	5	5
S. bongori	5	-	5	-
Summe	202	176	191	197
(%)	100	87,1	94,5	97,5

Mit der Primerkombination ST11/ST15 konnte die DNA von 176 Serovaren, das entspricht 87,1 % der in die Untersuchung einbezogenen Serovare, in der PCR amplifiziert werden. Von den 197 in der Spezifitätsprüfung verwendeten Serovaren der Spezies *Salmonella enterica* gelang die Amplifikation mit dieser Primerkombination mit Ausnahme von 17 Serovaren der Subspezies *arizonae* und fünf Serovaren der Subspezies *indica*. Die DNA der sechs in die Spezifitätsprüfung einbezogenen Serovare von *Salmonella bongori* konnte mit dieser Primerkombination ebenfalls nicht amplifiziert werden.

Durch die Verwendung der Primerkombination ST11/ST13 konnte die DNA von 191 Serovaren amplifiziert werden, das entspricht 94,5 % der in die Untersuchung einbezogenen Serovare. Von den insgesamt 19 untersuchten Serovaren der Subspezies *arizonae* konnte die DNA von acht Serovaren amplifiziert werden. Allerdings waren unterschiedliche Amplifikationseffizienzen bei der Darstellung der Amplifikate im Agarosegel zu beobachten. Die Amplifikation der DNA von vier Serovaren war vergleichbar mit der der Positivkontrolle. Bei den Serovaren mit den Antigenformeln IIIa 18: z_4, z_{23}: -, IIIa 48: z_{36}: -, IIIa 53: z_4, z_{23}: z_{32}: - und IIIa 63: g, z_{51}: - (Tab. 2) konnte erst durch die Hybridisierung des Southern-Blots (Kap. 2.2.7.2) eine Amplifikation der DNA nachgewiesen werden. Die unterschiedlichen Amplifikationseffizienzen deuten darauf hin, daß im Bereich der Bindungstelle des Primers ST11 Basenaustausche vorliegen.

Mit der Primerkombination ST12/ST15 konnte die DNA aller zur Spezifitätsprüfung verwendeten Serovare von *Salmonella enterica* amplifiziert werden. Die DNA der 5 Serovare der Spezies *S. bongori*, die mit der Primerkombination ST11/ST15 nicht amplifiziert werden konnte, wurde auch mit dieser Primerkombination nicht amplifiziert. Somit konnte für diese Primerkombination eine Spezifität von 97,5 % ermittelt werden.

Innerhalb der Gattung *Salmonella* zeigte das Primerpaar ST12/ST15 mit 97,5 % damit zwar das beste Spezifitätsergebnis, jedoch war der Nachweis der zweiten Salmonellenart damit überhaupt nicht möglich. Dieses Primerpaar erwies sich somit als artspezifisch für *Salmonella enterica*. Da durch die zusätzliche Amplifikation mit der Primerkombination ST11/ST13 eine Unterscheidung zwischen *S. enterica* und *S. bongori* möglich ist, wurden die nachfolgenden Experimente größtenteils mit diesen beiden Primerkombinationen durchgeführt, wobei exemplarisch jeweils das Ergebnis mit einer Primerkombination dargestellt ist.

3.3.2 Spezifität gegenüber der Begleitflora

Die Spezifität der Primerkombinationen gegenüber anderen Bakterien wurde durch den Einsatz der DNA von 78 weiteren Mikroorganismen-Stämmen in die PCR getestet (Tab. 3). Dabei handelt es sich um Vertreter der Familie der *Enterobacteriaceae* und um Bakterien, die der natürlichen Begleitflora der verschiedenen verwendeten Lebensmittel entsprechen. Der Nachweis der Amplifizierbarkeit der mittels alkalischer Lyse (Kap. 2.2.6.1) isolierten bakteriellen DNA wurde durch die Verwendung eines Primers zur Amplifikation der 16S/23S Spacer Region belegt (Barry *et al.* 1991). Die DNA der Bakterien wurde in der PCR bei der Verwendung dieses Primers amplifiziert. Die Negativkontrollen ergaben in der Gelelektrophorese keine Signale. Durch den Einsatz der Primerkombinationen ST11/ST15, ST11/ST13 und ST12/ST15 konnten bei keinem der getesteten Stämme spezifische Amplifikate generiert werden. Die Verifizierung dieses Ergebnisses erfolgte durch die Hybridisierung des Southern-Blots (Kap. 2.2.7.2) mit der Salmonellen-spezifischen Digoxigenin-markierten Sonde (Kap. 2.2.4).

3.4 Ermittlung der Sensitivität der PCR-Systeme

Die Sensitivität der PCR-Systeme wurde mit allen drei Primerkombinationen sowohl durch die Verwendung genomischer DNA von *S.* Typhimurium (Stamm 2712/93) als auch durch den Einsatz linearisierter Vektor-DNA mit Salmonellen-spezifischem Insert (Kap. 2.2.9) ermittelt. Da keine wesentlichen Unterschiede auftraten, sind die Ergebnisse exemplarisch für jeweils eine Primerkombination dargestellt. Die Nachweisgrenze mit der Primerkombination ST11/ST15 ist durch eine Auftrennung der 429 bp langen Salmonellen-spezifischen Amplifikate im Agarosegel und durch die Southern-Blot Hybridisierung dargestellt (Abb. 12). Die Sensitivität des kolorimetrischen Nachweises in der Mikrotiterplatte nach Amplifikation von 0 bis 10^5 Genomäquivalenten des Serovars Typhimurium mit der Primerkombination ST11/ST13 zeigt Abbildung 13. Das Ergebnis der Amplifikation unterschiedlicher Mengen von Vektor-DNA mit Salmonellen-spezifischem Insert mit dem Primerpaar ST12/ST15 zeigt Abbildung 14. Eine Zusammenfassung der Nachweisgrenzen ist in Tabelle 9 dargestellt und bezieht sich jeweils auf die in der PCR eingesetzten DNA-Mengen.

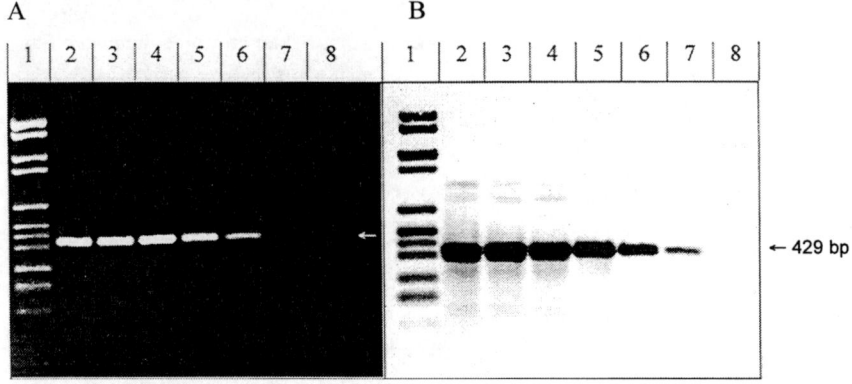

Abb. 12: Amplifikation von 0 bis 10^5 Genomäquivalenten des *Salmonella* Serovars Typhimurium (Stamm 2712/93) mit der Primerkombination ST11/ST15 (Kap. 2.1.5)
A: Amplifikat (429 bp) im Agarosegel
B: Southern-Blot Hybridisierung mit der Digoxigenin-markierten Sonde
(162 bp Innenamplifikat)
Spur 1: Molekulargewichtsmarker BVI, Spur 2: 10^5, Spur 3: 10^4, Spur 4: 10^3, Spur 5: 10^2,
Spur 6: 10^1, Spur 7: 10^0, Spur 8: 0 Genomäquivalente

Die Amplifikation von 500 pg – 5 pg (= 10^5 bis 10^3 GÄ) genomischer DNA von *S.* Typhimurium mit dem Primerpaar ST11/ST15 (Kap. 2.1.5) erbrachte im Agarosegel sehr starke Amplifikate. Die Amplifikation der DNA von 10^2 GÄ (= 500 fg) zeigte ebenfalls noch ein deutliches Amplifikat. Bei der weiteren Reduzierung auf 10^1 GÄ (= 50 fg) war nur noch ein schwaches Amplifikat vorhanden (Abb. 12 A). Durch die Hybridisierung des Southern-Blots mit der Digoxigenin-markierten Innenamplifikatsonde war es möglich, die Amplifikation eines Genomäquivalentes (= 5 fg) nachzuweisen. Damit wurde eine Verbesserung der Nachweisgrenze um den Faktor 10 gegenüber der Auswertung im Agarosegel erzielt (Abb. 12 B).

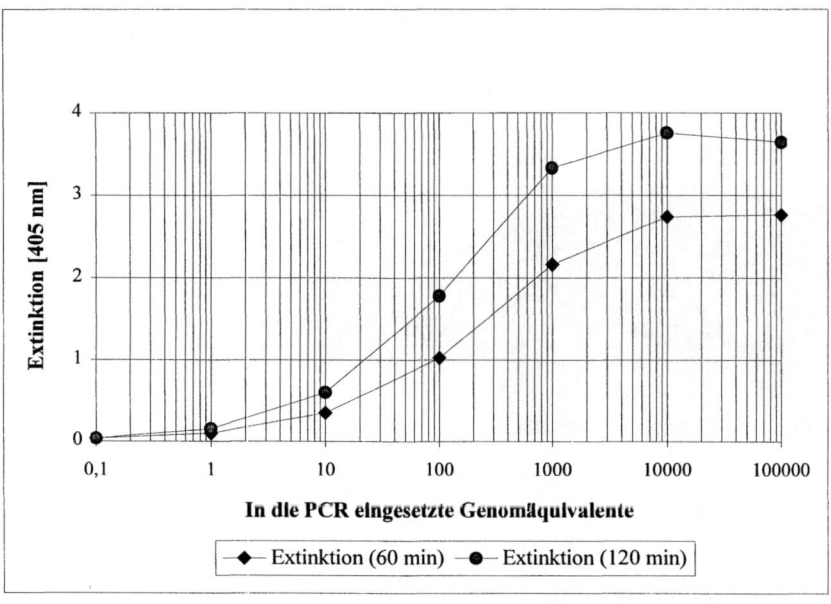

Abb. 13: Kolorimetrischer Nachweis von Amplifikaten nach dem Prinzip des ELISA (Kap.
2.2.7.3.2) in einer Streptavidin-beschichteten Mikrotiterplatte durch Messung der
Extinktion bei 405 nm nach 60 und 120 Minuten Entwicklung der Farbreaktion

Die PCR wurde mit 0 bis 10^5 Genomäquivalenten DNA des *Salmonella* Serovars Typhimurium (Stamm 2712/93) mit der Primerkombination ST11/ST13Dig (Kap. 2.1.5) durchgeführt.

Beim kolorimetrischen Nachweis von Amplifikaten mittels "PCR-ELISA" (Kap. 2.2.7.3.2)
wurden nach einer 60-minütigen Entwicklungszeit der Farbreaktion, nach Abzug des Mittelwertes der Negativkontrollen (OD_{405} 0,050), Extinktionen von 0,100 (1 GÄ) bis 2,757
(10^5 GÄ) gemessen. Bei einer Inkubationszeit von 120 Minuten wurden entsprechend höhere
Extinktionswerte erzielt. Sie lagen nach Abzug des Mittelwertes der Negativkontrollen (OD_{405}
0,055) zwischen 0,153 (1 GÄ) und 3,643 (10^5 GÄ). Die Festlegung der Nachweisgrenze erfolgte durch die Berechnung des "cut-off" Wertes aus dem Mittelwert der vier Negativkontrollen zuzüglich der dreifachen Standardabweichung. Als "cut-off" Wert für die Messung
nach 60 Minuten wurde somit die Extinktion von 0,056, bzw. nach 120 Minuten ein Wert von
0,064 ermittelt. Unter Berücksichtigung dieser Werte liegt die Nachweisgrenze für dieses
Detektionssystem somit im Bereich von 1 bis 10 Genomäquivalenten, die für eine Amplifikationsreaktion eingesetzt werden müssen.

A   B

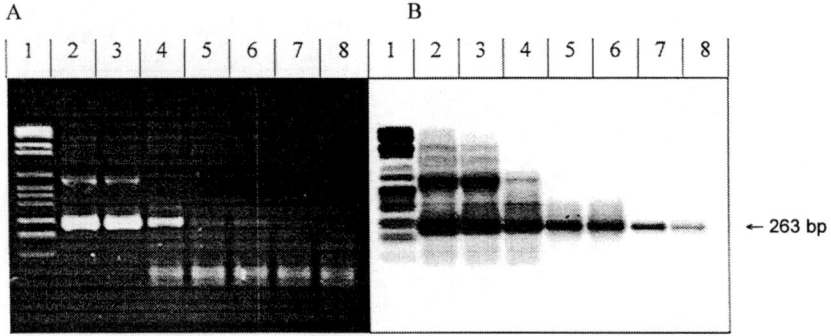

← 263 bp

Abb. 14: Amplifikation von 10 pg - 10 ag Vektor-DNA mit Salmonellen-spezifischem
Insert (Kap. 2.2.9) durch die Verwendung der Primerkombination ST12/ST15
(Kap. 2.1.5)
A: Amplifikat (263 bp) im Agarosegel
B: Southern-Blot Hybridisierung mit der Digoxigenin-markierten Sonde
(162 bp Innenamplifikat)
Spur 1: Molekulargewichtsmarker BVI, Spur 2: 10 pg, Spur 3: 1 pg, Spur 4: 100 fg,
Spur 5: 10 fg, Spur 6: 1 fg, Spur 7: 100 ag, Spur 8: 10 ag Vektor-DNA

Durch die Amplifikation einer dekadischen Verdünnung von 10 pg bis 10 ag Vektor-DNA
mit Salmonellen-spezifischem Insert (= 3 x 10^6 – 3 Plasmid-Moleküle) (Kap. 2.2.9) wurde
mittels Agarosegel eine Nachweisgrenze von 1 fg DNA ermittelt (Abb. 14 A, Spur 6). Die
Hybridisierung des Southern-Blots mit der Digoxigenin-markierten Innenamplifikatsonde
erbrachte eine Verbesserung des Nachweises um den Faktor 100. Somit konnte die Amplifikation von 10 ag Vektor-DNA nachgewiesen werden (Abb. 14 B). Neben der erwarteten Ban-
dengröße von 263 bp gab es bei der Verwendung von 10 pg bis 100 fg Vektor-DNA jedoch
zusätzliche Banden mit einer Größe von ca. 600 bp.

Tab. 9: Vergleich der Empfindlichkeit der verschiedenen Methoden zum Nachweis spezifischer Amplifikate von Salmonellen

Amplifiziert wurden linearisierte Vektor-DNA mit Salmonellen-spezifischem Insert (Kap. 2.2.9) sowie genomische DNA des *Salmonella* Serovars Typhimurium (Stamm 2712/93) mit den Primerkombinationen ST11/ST15, ST11/ST13Dig und ST12/ST15 (Kap. 2.1.5). Die Nachweisgrenzen beziehen sich auf die zur Amplifikation eingesetzten DNA-Mengen.

DNA	Nachweismethode		
	Gelelektrophorese	Hybridisierung in der Mikrotiterplatte	Southern-Blot Hybridisierung
pGEM-Vektor mit 429 bp Insert[a] (Wildtyp-Plasmid-DNA)	**1 - 10 fg** $(3 \times 10^2 - 10^3)^d$	**100 ag - 1 fg** $(3 \times 10^1 - 10^2)^d$	**10 - 100 ag** $(3 - 30)^d$
pGEM-Vektor mit 423 bp Insert[b] (Standard-Plasmid-DNA)	**1 - 10 fg** $(3 \times 10^2 - 10^3)^d$	**100 ag - 1 fg** $(3 \times 10^1 - 10^2)^d$	**10 - 100 ag** $(3 - 30)^d$
Genomische DNA Genomäquivalente [c]	**50 fg** $(10)^c$	**5 – 50 fg** $(1 - 10)^c$	**5 fg** $(1)^c$

[a] Salmonellen-spezifische Sequenz
[b] Dieses Fragment unterscheidet sich durch eine Deletion von 6 Basen (Position 226 bis 231) von dem 429 bp Insert
[c] Ein Genomäquivalent entspricht 4808 kb (Liu *et al.* 1993)
[d] Plasmid-Moleküle

Unabhängig davon, ob Plasmid- oder genomische DNA eingesetzt wurde, zeigte der Southern-Blot die besten Nachweisgrenzen. Gegenüber einer Darstellung der Amplifikationsprodukte der Plasmid-DNA im Agarosegel mit einer Nachweisgrenze von $3 \times 10^2 - 10^3$ Molekülen war hierbei die Sensitivität um den Faktor 10 - 100 besser. Sie lag zwischen 10 ag und 100 ag, das entspricht 3 - 30 Molekülen der eingesetzten Plasmid-DNA. Eine Verbesserung der Sensitivität um den Faktor 10 gegenüber der Gelelektrophorese erbrachte die Hybridisierung in der Mikrotiterplatte. Um genomische DNA in der Mikrotiterplatte nachzuweisen, mußten mindestens 1 bis 10 GÄ in eine Amplifikationsreaktion eingesetzt werden. Bei der Auswertung im Agarosegel lag die Nachweisgrenze bei 10 GÄ und wurde durch die Southern-Blot Hybridisierung um den Faktor 10 sensitiver. Durch den Zusatz der DNA von *C. freundii* zur Amplifikationsreaktion konnte gezeigt werden, daß Fremd-DNA in einer Größenordnung von 10^7 Genomäquivalenten keinen Einfluß auf die Sensitivität der verwendeten PCR-Systeme hat. Dieses Ergebnis wurde bei der Amplifikation mit 10, 10^2 und 10^3 GÄ *Salmonella*-DNA ermittelt. Die Amplifikation von 1 GÄ von *S.* Typhimurium war bei einem 10^7fachen Überschuß von Fremd-DNA jedoch nicht mehr möglich.

3.5 Einfluß von Inhibitoren auf die Amplifikation von Salmonella-DNA

Die Isolierung von Mikroorganismen und DNA-Extraktion zum PCR-Nachweis aus einer Lebensmittelmatrix kann auf verschiedene Weise erfolgen (Kap. 2.3.1.2.2). Je nach DNA-
Extraktionsmethode kann es dabei simultan zu einer Koextraktion unterschiedlicher Mengen von
Lebensmittelbestandteilen kommen. Neben diesen Substanzen können auch Bestandteile von Kulturmedien die PCR hemmen (Kap. 2.3.1.2.1).

Um den Einfluß inhibitorisch wirksamer Substanzen der Lebensmittelmatrices Kakaopulver und
Schokolade auf die PCR zu ermitteln, wurden entsprechende Extrakte jeweils im 4 fach Ansatz
hergestellt (Kap. 2.2.6.3) und auf Inhibition der PCR untersucht. Die Hemmwirkung wurde wie
folgt ermittelt: zu 25 µl PCR-Ansätzen mit jeweils 1 ng DNA von *Salmonella* Serovar Typhimurium (Stamm 2712/93) wurden sowohl ungereinigte als auch mit verschiedenen Reinigungssystemen
(Kap. 2.2.12.1) gereinigte wässrige Extrakte gegeben (Kap. 2.2.12.2). Auf diese Weise konnte die
maximal einsetzbare Extraktmenge ermittelt werden, die sich nicht inhibierend auf die Amplifikation von *Salmonella* Typhimurium-DNA auswirkte. Die Auswertung erfolgte qualitativ durch die
Auftrennung der Amplifikate im 3 %igen Agarosegel (Kap. 2.2.7.1), wobei das Vorhandensein der
spezifischen Amplifikate als positiv bewertet wurde. Die Ergebnisse sind in Tabelle 10 dargestellt.

Tab. 10: Vergleich von Reinigungssystemen zur Eliminierung der PCR-Inhibitoren aus Ka-
kaopulver und Schokolade
Mengen eines wässrigen Extraktes von Kakaopulver und Schokolade (bezogen auf das
Trockengewicht der Matrix), die nach Reinigung keine Inhibition der PCR verursachten.
Die PCR wurde in einem Reaktionsvolumen von 25 µl mit 1 ng *S.* Typhimurium-DNA
(Stamm 2712/93) durchgeführt. Mit Bezug auf den ungereinigten Extrakt wurde der Abrei-
cherungsfaktor inhibitorischer Substanzen für das jeweilige Reinigungssystem ermittelt.

Reinigungssystem	Kakaopulver		Schokolade	
	Extrakt (mg)	Abreicherungsfaktor	Extrakt (mg)	Abreicherungsfaktor
ungereinigt	0,002	1	0,1	1
Gene Clean® Kit	0,004	2	0,4	4
Q. purification Kit	0,04	20	0,4	4
Q. blood Kit	0,04	20	4,0	40
Mobi Spin S-300	0,04	20	4,0	40
Q. Tip 20	1,6	800	20,0	200

Die maximale Einsatzmenge des ungereinigten Extrakts ohne eine PCR-Inhibition zu verursa-
chen, lag für Kakaopulver bei nur 0,002 mg und für Schokolade bei 0,1 mg, bezogen auf das

Trockengewicht der Matrix. Durch den Einsatz der verschiedenen Reinigungssysteme war es für beide Extrakte möglich, höhere Mengen in die PCR einzusetzen, bevor es zu einer Inhibition kam. Der Reinigungseffekt der fünf verwendeten Systeme, ausgedrückt durch den Abreicherungsfaktor inhibitorischer Substanzen, war für den Kakaoextrakt bei den drei Systemen Q. purification Kit, Q. blood Kit und Mobi Spin S-300 gleich. Hier wurde, im Gegensatz zum ungereinigten Extrakt, eine um den Faktor 20 höhere Einsatzmenge ermittelt. Die Reinigung mit dem Gene Clean® Kit führte hingegen nur zu einer Verdopplung der Extraktmenge, ohne eine Inhibition hervorzurufen. Durch die Anwendung des Q. Tip 20 Systems konnte der beste Reinigungseffekt erzielt werden. Es wurde ein Abreicherungsfaktor inhibitorischer Substanzen von 800 erzielt.

Für den Schokoladenextrakt erbrachte die Reinigung mit dem Q. Tip 20 Reinigungssystem das beste Ergebnis. Hierbei konnten 20 mg des gereinigten Extraktes, bezogen auf das Trockengewicht der Matrix in die PCR eingesetzt werden, ohne daß es zu einer Inhibition kam. Die Reinigung mit Hilfe des Q. blood Kit sowie dem Mobi Spin S-300 Reinigungssystem führte zu einer Verbesserung um den Faktor 40. Der geringste Abreicherungsfaktor wurde mit Gene Clean® und dem Q. purification Kit erreicht. In beiden Fällen konnten nur 0,4 mg Schokoladen-Extrakt eingesetzt werden.

Das Q. Tip 20 Reinigungssystem erwies sich somit am besten geeignet zur Eliminierung von PCR-Inhibitoren aus Kakao und Schokolade. Während die anderen verwendeten Reinigungssysteme entweder auf einer selektiven Abtrennung nach der Molekulargewicht (Mobi Spin S-300), oder der Adsorption von DNA in Gegenwart von chaotropen Salzen an die Silikamembran/Silkatpartikel beruhen, basiert das Q. Tip 20 System auf einer Ionen-Austausch Chromatographie. Offensichtlich ist dieses Prinzip besser geeignet für die Abtrennung der komplexen Polyphenole, die als potentielle Inhibitoren angesehen werden.

3.6   Eliminierung von PCR-Inhibitoren

3.6.1   DNA-Verlust durch den Einsatz von Reinigungssystemen

Zur Ermittlung von DNA-Verlusten während der Reinigung wurden im 4 fach Ansatz jeweils 10 µg (0,2 OD) einer doppelsträngigen genomischen DNA mit den verschiedenen Systemen gereinigt (Kap. 2.2.12.3.). Durch den Vergleich der jeweiligen DNA-Konzentration vor und nach der Reinigung wurde der systembedingte DNA-Verlust bestimmt. Die Unterschiede der

DNA-Wiederfindung sind in Abbildung 15 grafisch dargestellt. Die Wiederfindungsrate bezieht sich dabei auf die ungereinigte DNA.

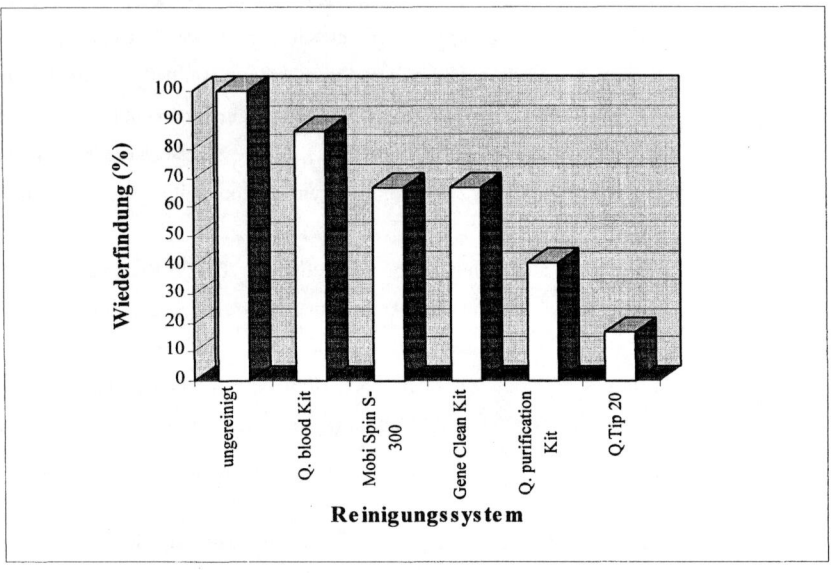

Abb. 15: DNA-Wiederfindungsrate (%) mit verschiedenen Reinigungssystemen

Durch die Verwendung des Q. blood Kit ist der DNA-Verlust mit einer Wiederfindungsrate von 86 % am geringsten. Bei der Anwendung des Gene Clean® Kit sowie der Mobi Spin S-300 Säulen lag sie bei 67 % und bei Verwendung des Q. purification Kit bei 41 %. Die mit Abstand geringste DNA-Wiederfindungsrate wurde für das Q. Tip 20 Reinigungssystem mit 13 % ermittelt.

3.6.2   Effizienz der Reinigungssysteme

Auf der Grundlage des Abreicherungsfaktors inhibitorischer Substanzen (Kap. 3.5) sowie der DNA-Wiederfindungsraten (Kap. 3.6.1) wurde die Effizienz der Reinigungssysteme nach folgender Formel berechnet:

$$\text{Effizienz} = \frac{\text{DNA Wiederfindung x Abreicherungsfaktor von Inhibitoren}}{100}$$

Tab. 11: Effizienz der Reinigungssysteme für Kakaopulver- und Schokoladenextrakte

Die Effizienz wurde errechnet aus DNA Wiederfindung x Abreicherungsfaktor /100.

Kakaopulver			
Reinigungssystem	DNA Wieder-findung (%)	Abreicherungsfaktor inhibitorischer Substanzen	Effizienz
ungereinigt	100	1	1,0
Gene Clean® Kit	67	2	1,3
Q. purification Kit	41	20	8,2
Q. blood Kit	86	20	17,2
Mobi Spin S-300	67	20	13,4
Q. Tip 20	13	800	104
Schokolade			
Reinigungssystem	DNA Wieder-findung (%)	Abreicherungsfaktor inhibitorischer Substanzen	Effizienz
ungereinigt	100	1	1,0
Gene Clean® Kit	67	4	2,7
Q. purification Kit	41	4	1,6
Q. blood Kit	86	40	34,4
Mobi Spin S-300	67	40	26,8
Q. Tip 20	13	200	26,0

Für die Reinigung von Extrakten aus Kakaopulver wurde durch die Verwendung von Q. Tip 20 mit dem Faktor 104 die beste Effizienz erzielt. Die übrigen Systeme waren in ihrer Effizienz mit 17,2 bei Q. blood Kit, 13,4 bei Mobi Spin S-300, 8,2 bei Q. purification Kit und 1,3 bei Gene Clean® deutlich geringer. Für Schokoladen-Extrakte erwies sich hingegen das Q. blood Kit mit einer Effizienz von 34,4 als am besten geeignet. Es folgte das Mobi Spin S-300 System mit 22,4 sowie das Q. Tip 20 System mit einem Faktor von 26,0. Für das Gene Clean® System und für das Q. purification Kit ergaben sich mit 2,7 und 1,6 deutlich geringere Effizienz-Faktoren.

3.6.3 Einfluß von Rinderserumalbumin (BSA) auf die PCR

Durch den Einsatz verschiedener Reinigungssysteme wird zwar eine Verringerung der PCR-Inhibition erzielt (Kap. 3.5), jedoch kann diese mit einem großen DNA-Verlust verbunden sein (Abb. 15). Eine weitere Möglichkeit zur Verringerung von Inhibitionseffekten ist der Zusatz von Rinderserumalbumin (Mc Gregor *et al.* 1996). Um den Einfluß von BSA auf die Amplifikation von Salmonellen-DNA aus den verschiedenen Lebensmittelmatrices zu ermitteln, wurden Extrakte aus Vollmilchpulver, Schokolade und Kakaopulver eingesetzt (Kap. 2.2.6.3). Diese wurden jeweils im 4 fach Ansatz hergestellt und entweder ungereinigt oder mit dem Q. blood Kit gereinigt, verwendet. Zur Beurteilung des Einflusses von BSA erfolgte die PCR mit je 1 ng *S*. Typhimurium-DNA und dem Zusatz von 3 µg/µl BSA (Romanowski *et al.* 1993). Zum Vergleich wurde die Amplifikation ohne BSA-Zusatz durchgeführt.

Die maximal in die PCR einsetzbaren Extraktmengen, die eine Amplifikation der zugesetzten Kontroll-DNA in der PCR nicht beeinträchtigten, sind in Tabelle 12 dargestellt. Die Mengenangaben der Extrakte beziehen sich auf das Trockengewicht der verschiedenen Matrices.

Tab. 12: Maximale Einsatzmengen wässriger Extrakte (bezogen auf das Trockengewicht) von Vollmilchpulver, Schokolade und Kakaopulver in die PCR

Die PCR erfolgte in einem Reaktionsvolumen von 25 µl mit 1 ng *S*. Typhimurium-DNA (Stamm 2712/93) und dem Zusatz von ungereinigten bzw. mit dem Q. blood Kit gereinigten Extrakten. Der Verbesserungsfakor ergibt sich aus dem Vergleich der Einsatzmengen der Extrakte ohne bzw. mit Zusatz von BSA (3 µg/µl) in der PCR.

Maximale Einsatzmengen **ungereinigter Extrakte** (mg)			
Lebensmittelmatrix	ohne BSA-Zusatz	mit BSA-Zusatz	Verbesserungsfaktor
Vollmilchpulver	8,3	10,4	1,25
Schokolade	0,1	1,25	12,5
Kakaopulver	0,002	0,83	415
Maximale Einsatzmengen **gereinigter Extrakte** (mg)			
Lebensmittelmatrix	ohne BSA-Zusatz	mit BSA-Zusatz	Verbesserungsfaktor
Vollmilchpulver	10,4	10,4	1
Schokolade	4,15	8,3	2
Kakaopulver	0,04	4,15	103

Durch den Zusatz von BSA zur Amplifikationsreaktion in einer Endkonzentration von 3 mg/ml wurde sowohl für Schokolade als auch für Kakaopulver eine Erhöhung der Einsatzmenge erzielt. Der positive Effekt des BSA wird am deutlichsten bei dem Vergleich ungereinigter Extrakte: ohne BSA konnten durchschnittlich 0,1 mg Schokoladen- oder 0,002 mg Kakaoextrakt, bezogen auf das Trockengewicht der Matrix, eingesetzt werden, ohne daß eine PCR-Inhibition eintrat. Der Zusatz von BSA ermöglichte dagegen eine maximale Extraktmenge von 1,25 mg Schokolade bzw. 0,83 mg Kakao. Somit konnte eine 12,5 fach höhere Menge des Schokoladen- und eine 415 fach höhere Menge des Kakaoextraktes in die PCR eingesetzt werden. Wurden die Extrakte vor ihrem Einsatz in die PCR gereinigt, war es möglich, maximal 8,3 mg Schokoladen- oder 4,15 mg Kakaoextrakt einzusetzen. Durch die Reinigung war der positive Effekt des BSA im Vergleich zu ungereinigten Extrakten zwar geringer (2- bzw. 103 fach höhere Einsatzvolumina), jedoch konnten durch die Kombination von Extrakt-Reinigung und BSA-Zusatz in der PCR die besten Ergebnisse für kakaohaltige Produkte erzielt werden. Für gereinigte Extrakte aus Vollmilchpulver wurde mit BSA keine Verbesserung erreicht. In beiden Fällen konnten maximal 10,4 mg Extrakt eingesetzt werden. Durch den Zusatz von BSA war es ebenfalls möglich, 10,4 mg des ungereinigten Vollmilchpulverextraktes einzusetzen.

3.7 Nachweisgrenzen für Salmonellen in Lebensmitteln

Um die Nachweisgrenzen des Systems im Zusammenhang mit einer Lebensmittelmatrix zu ermitteln, wurden Vollmilchpulver, Schokolade und Kakaopulver in 1:10 Verdünnungen mit Salmosyst® Medium zubereitet und mit je 10^2 KBE/ml, 10^3 KBE/ml, 10^4 KBE/ml und 10^5 KBE/ml *S.* Serovar Typhimurium versetzt. Die Aufarbeitung erfolgte wie in Kapitel 2.2.6.3 beschrieben. Die PCR wurde mit den maximal einsetzbaren Extraktmengen (Tab. 12) sowie dem Zusatz von 75 µg BSA pro Reaktion durchgeführt. Auf diese Weise war es möglich, den für einen spezifischen PCR-Nachweis benötigten minimalen Salmonellen-Titer in den verwendeten Lebensmittelmatrices zu ermitteln. Die Ergebnisse der Amplifikationen sind in Abbildung 16 dargestellt. Da für Vollmilchpulver und Schokolade das gleiche Ergebnis ermittelt wurde, ist dies nicht gesondert aufgeführt.

A

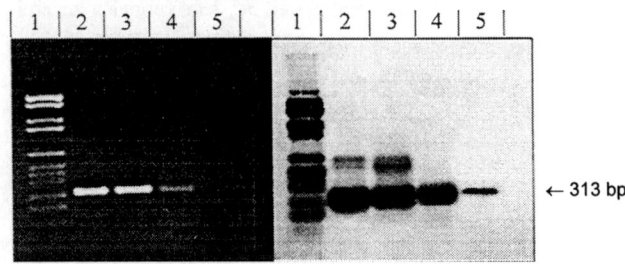

← 313 bp

B

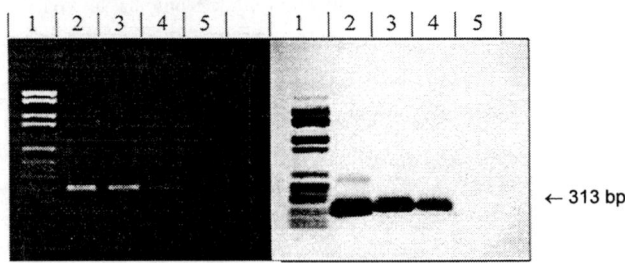

← 313 bp

Abb. 16: Nachweis von *S*. Serovar Typhimurium (Stamm 2712/93) mit der PCR nach Inokulation von 10^5, 10^4, 10^3, 10^2 KBE/ml in 1:10 mit Salmosyst® Basisbouillon verdünnten Matrices: A) Schokolade, B) Kakao

Dargestellt ist das erwartete Amplifikat (313 bp) im Agarosegel und Southern-Blot. Die
DNA-Extraktion erfolgte nach einer differentiellen Zentrifugation (Kap. 2.2.6.3). Die Amplifikation der mit dem Q. blood Kit (Kap. 2.2.12.1) gereinigten DNA-Extrakte wurde mit
der Primerkombination ST11/ST13 (Kap. 2.1.5) durchgeführt. Spur 1: Molekulargewichts-
wichtsmarker BVI, Spur 2: 10^5, Spur 3: 10^4, Spur 4: 10^3, Spur 5: 10^2 KBE *S*. Typhimurium
pro Milliliter aufgearbeiteter Matrixsuspension.

Für einen positiven Nachweis von Salmonellen in Vollmilchpulver sowie in Schokolade
mitttels PCR ist ein Keimtiter von 10^3 KBE/ml nötig (Abb. 16 A). Der Nachweis in Kakaopulver erfordert einen Mindestkeimtiter von 10^4 KBE/ml (Abb 16 B). Die Hybridisierung der
Southern-Blots zeigte in allen Fällen eine um den Faktor 10 bessere Nachweisgrenze.

3.8 *Konstruktion des internen Standards*

Zum Ausschluß falsch negativer PCR-Ergebnisse müssen Amplifikationskontrollen durchgeführt werden. Der Einsatz einer internen Standard-DNA wird von vielen Autoren als zuverlässige Methode beschrieben (Kap. 2.3.1.2). In der vorliegenden Arbeit wurde der interne Standard in Form einer exogenen Sequenz dem Reaktionsansatz in definierter Konzentration zugesetzt und parallel zur Ziel-DNA amplifiziert. Da außer der Primerregion keine weiteren Sequenzdaten vorlagen, wurde das mit der Primerkombination ST11/ST15 (Kap. 2.1.5) generierte 429 bp Amplifikat von verschiedenen *Salmonella* Serovaren sequenziert (Kap. 3.8.1). Auf Grundlage des Abgleichs dieser Sequenzen wurde durch eine PCR-Mutagenese die interne Standard-DNA hergestellt (Kap. 3.8.2)

3.8.1 Sequenzierung der *Salmonella*-spezifischen PCR-Produkte

Die mit der Primerkombinationen ST11 + M13 "forward" / ST15 und ST15 + M13 "revers" / ST11 (Kap. 2.1.5) hergestellten 449 bzw. 447 bp langen Amplifikate von 20 verschiedenen *Salmonella* Serovaren wurden sequenziert (Kap. 2.2.8). Die Auswahl der Serovare von *S. enterica* Subspezies *enterica* erfolgte entsprechend der prozentualen Häufigkeit (1,0 % - 24,0 %) ihrer Isolierung in Lebensmitteln nach den Angaben des Nationalen Referenzzentrums für Salmonellosen. Weiterhin wurden die strikt wirtsadaptierten Serovare Choleraesuis (Schwein), Dublin (Rind) und Gallinarum-Pullorum (Huhn) zur Sequenzierung ausgewählt. Außerdem wurden die Amplifikate eines Serovars von *S. enterica* Subspezies *salamae* und je zwei Serovaren von *S. enterica* Subspezies *diarizonae* und *S. enterica* Subspezies *houtenae* sequenziert (Tab. 13). Das Ergebnis der Sequenzierung ist in Form eines Abgleichs aller Sequenzdaten im Anhang (Abb. 22) dargestellt. Weiterhin wurden die erhobenen Sequenzinformationsdaten dazu genutzt, eine phylogenetische Analyse durchzuführen (Abb. 23).

Tab. 13: *Salmonella* Serovare, deren Amplifikate, generiert durch die Primerkombinationen ST11 + M13 "forward" /ST15 und ST15 + M13 "revers" /ST11 (Kap. 2.1.5), zur Sequenzierung verwendet wurden.

Sequenz-nummer	*Salmonella* Serovar	Sequenz-nummer	*Salmonella* Serovar
1	Typhimurium	11	Derby
2	Enteritidis	12	Gallinarum-Pullorum
3	Infantis	13	Aberdeen
4	Senftenberg	14	Choleraesuis
5	Livingstone	15	Dublin
6	Virchow	16	II 58: l, z_{13}; z_{28}: z_6
7	Indiana	17	IIIb 47: r: z_{53}
8	Havana	18	IIIb 38: l, v: z_{54}
9	Anatum	19	IV 48: z_{29}: -
10	Newport	20	IV 50: z_4, z_{23}: -

3.8.2   PCR Mutagenese

Die Sequenzierergebnisse der 429 bp langen Amplifikate von 20 *Salmonella* Serovaren (Abb. 22) dienten als Grundlage für die Erstellung des internen Standards. Um möglichst gleiche biophysikalische Bedingungen bei der Amplifikation von Ziel-DNA und interner Standard-DNA zu gewährleisten, sollte sich die interne Standard-DNA so wenig wie möglich von der Ziel-DNA unterscheiden. Zur Konstruktion des internen Standards wurde deshalb eine Deletion von 6 Basenpaaren (Position 226 bis 231) des 429 bp langen Amplifikates durchgeführt. Dieser Bereich wurde gewählt, da es sich bei der ansonsten sehr heterogenen Region um einen konservierten Bereich von 32 Basen handelt. Die Deletion erfolgte durch eine *in vitro*-Mutagenese mittels PCR (Abb. 17). Dazu wurden die Mutationsprimer (Kap. 2.1.5) so gewählt, daß die Sequenzen an den 3'- Enden über eine Länge von 19 Basen komplementär zur Zielsequenz sind und die nachfolgenden sechs Basen, die in der Zielsequenz deletiert werden sollen, fehlen. Stromaufwärts waren die Mutationsprimer erneut über eine Länge von 19 Basen komplementär (Abb. 17/1). Durch den Einsatz eines Mutationsprimers mit dem jeweiligen passenden Amplifikationsprimer wurden in zwei unabhängigen Reaktionen die beiden Teilamplifikate hergestellt (Abb. 17/2). In einer weiteren PCR wurden die generieten Teilamplifikate in einer 1:1 Mischung als Zielsequenzen zur Amplifikation mit dem ursprünglich verwendeten Primerpaar eingesetzt (Abb. 17/3).

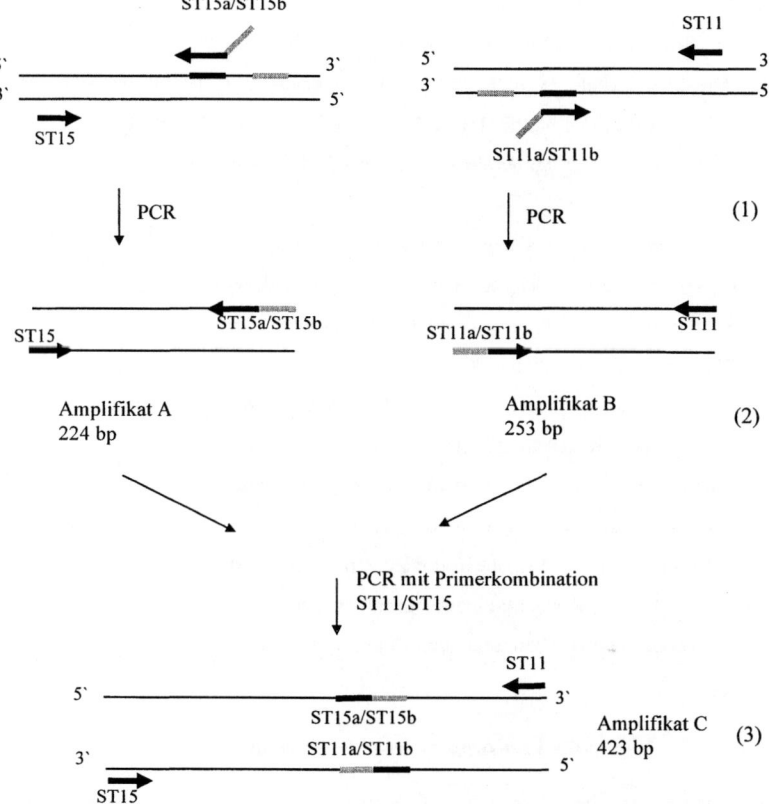

Abb. 17: Schematische Darstellung der *in vitro*-Mutagenese mittels PCR zur Herstellung des internen Standards

In zwei unabhängigen Amplifikationsreaktionen mit den Primerkombinationen ST11 und ST11a/ST11b sowie ST15 und ST15a/ST15b (1) wurden zwei Teilamplifikate (A: 224 bp, B: 253 bp) mit einer Deletion von 6 Basen zwischen ST11a und ST11b sowie ST15a und ST15b hergestellt (2). Durch den anschließenden Einsatz eines 1:1 Gemisches der gereinigten Teilamplifikate A und B in eine PCR mit der Primerkombination ST11/ST15 erfolgte die Generierung des 423 bp langen Amplifikates C (3).

Die Sequenz des Primers ST11a/ST11b ist komplemetär zur DNA-Sequenz der Position von 207 bis 225 sowie von 232 bis 248 (Abb. 22). Die Sequenz des Primers ST15a/ST15b ist revers komplemetär zur Sequenz des Primers ST11a/ST11b (Kap. 2.1.5). Durch die Kombination der Primer ST11 und ST11a/ST11b wurde in der PCR ein 253 bp großes Amplifikat hergestellt. Die Primerkombination ST15 und ST15a/ST15b ergab in der PCR ein 224 bp Fragment. Die Amplifikate wurden durch eine präparative Gelelektrophorese aufgereinigt (Kap. 2.2.4.2) und im Verhältnis 1:1 in die PCR mit der Primerkombination ST11/ST15 eingesetzt. Auf diese Weise wurde ein Amplifikat mit einer Länge von 423 Basenpaaren generiert.

Sowohl das durch *in vitro*-Mutagenes hergestellte 423 bp Fragment als auch das 429 bp Salmonellen-spezifische Fragment wurden in das pGEM-T Vektor System ligiert (Kap. 2.2.9.2) Zur Vermehrung erfolgte die Transformation in den Stamm *E.coli* XL1-blue (Kap. 2.2.9.3.2). Die Verifizierung der erhaltenen Klone erfolgte durch eine Spaltung der Plasmid-DNA mit dem Restriktionsenzym *Pvu* II (Kap. 2.2.9.4.1). Plasmide mit Insert wurden zur Bestätigung der Deletion sequenziert (Kap. 2.2.8).

Für die weitere Etablierung des Systems wurde das Plasmid mit der Wildtyp-Sequenz (Klon 13/8) und das Plasmid mit der Deletion (Klon 1/7) verwendet. Die isolierte Plasmid-DNA (Kap. 2.2.9.4) wurde vor Einsatz in die PCR mit dem Restriktionsenzym *Sca* I linearisiert (Kap. 2.2.9.4.1). Die Konzentrationsbestimmung der Plasmid-DNA erfolgte photometrisch bei einer Wellenlänge von 260 nm (Gene Quant II Pharmacia).

3.8.3   *Nachweis von Amplifikaten nach dem Prinzip des ELISA*

Der kolorimetrische Nachweis von Amplifikaten in Streptavidin-beschichteten Mikrotiterplatten erfolgte einerseits nach dem Prinzip der "Sandwich"-Hybridisierung mit der Digoxigenin-markierten Innenamplifikatsonde (Kap. 2.2.4) als Detektionssonde, andererseits wurde das Amplifikat durch die Verwendung des 5` Dig-markierten Primers ST13 (Kap. 2.1.5) direkt markiert. Folgende Kopplungs- und Hybridisierungsschritte wurden durchgeführt:

- Kopplung der biotinylierten Fangsonde an die Streptavidin-beschichtete Mikrotiterplatte
- entweder simultane Hybridisierung des denaturierten Amplifikates mit der Fangsonde und der denaturierten Dig-markierten Detektionssonde

  oder Hybridisierung des denaturierten 5` Dig-markierten Amplifikates mit der Fangsonde

- Inkubation mit dem Konjugat aus Digoxigenin-Antikörper und alkalischer Phosphatase (AP)
- Kolorimetrischer Nachweis des mittels AP umgesetzten Farbstoffes para-Nitrophenylphosphat (pNPP).

3.8.3.1 Design der Fangsonden

Der spezifische Nachweis der Amplifikate der Wildtyp-Plasmid-DNA und der Standard-Plasmid-DNA im Agarosegel war aufgrund des Größenunterschiedes von 6 Basenpaaren nicht möglich und wurde deshalb ausschließlich mit Hilfe spezifischer biotinylierter Fangsonden in Streptavidin-beschichteten Mikrotiterplatten durchgeführt. Aspekte, die bei der Konstruktion der Fangsonden Berücksichtigung fanden, waren einerseits die Schmelzpunkte (T_m), die für die beiden Oligonukleotide möglichst gleich sein sollten. Andererseits sollte die Ausbildung von Sekundärstrukturen vermieden werden. Die Überprüfung dieser Parameter erfolgte mit Hilfe der Programme DNASIS Version 7.0 und PRIMER Designer Version 1.0.

Die Fangsonden wurden so konstruiert, daß sich der jeweiligen spezifischen Sequenz von 20 Basen fünf Thyminbasen anschlossen, bevor am 5' Ende die Biotinmarkierung folgte. Die Sequenz der Fangsonde für die interne Standard-DNA umfaßte die Basenabfolge von jeweils 10 Basen vor und nach der Deletion. Nachfolgend ist ein Ausschnitt von 30 Basen der Salmonellen Sequenz dargestellt. Die deletierten Basen sind in der Sequenz fett gedruckt. Danach folgen die Bereiche der Fangsonden für die Wildtyp-DNA (WT-"capture probe") und die Standard-DNA (ST-"capture probe").

Salmonellen-Sequenz: 5' TT TCA CCTCGCT**GGCTAC**CGCTTCA GGC AA 3'

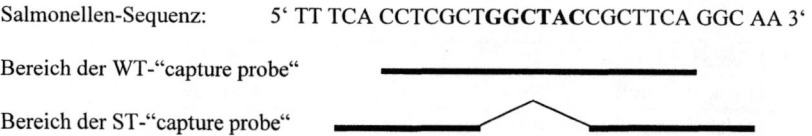

Bereich der WT-"capture probe"

Bereich der ST-"capture probe"

Zwischen den Amplifikaten bestand, bedingt durch den geringen Unterschied von 6 bp, die Möglichkeit einer Kreuzhybridisierung. Das WT-Amplifikat konnte mit der ST-"capture probe" über eine maximale Länge von 10 Basen hybridisieren, wobei im umgekehrten Fall eine komplementäre Basenpaarung zwischen 7 Nukleotiden möglich war. Im Folgenden galt es, diejenigen Bedingungen zu finden, die nur eine Hybridisierung von Wildtyp-Amplifikaten mit der WT-"capture probe" und Standard-Amplifikaten mit der ST-"capture probe" gewährleisteten.

3.8.3.2   Optimierung der Hybridisierungsbedingungen

Für den Nachweis der Salmonellen-spezifischen Amplifikate galt es die Konditionen zu finden, welche einerseits stringent genug sind, um die geforderte Spezifität zu gewährleisten, andererseits die Ausbildung stabiler Hybride erlauben. In der Regel wird von einer Hybridisierungstemperatur ausgegangen, die 5 - 10 °C unter der als Schmelzpunkt ermittelten Temperatur der Sonden liegt (Sambrook *et al.* 1989). Da Hybride zwischen Oligonukleotiden und Ziel-DNA unter den beschriebenen Bedingungen jedoch leicht reversibel sind, müssen die Waschschritte nach der Hybridisierung so gewählt werden, daß es nicht zu einer erneuten Dissoziation kommt.

Zur Optimierung der Temperatur wurden die Hybridisierungen bei 50 °C und Erhöhungen in Schritten von je 2 °C bis 60 °C durchgeführt. Die Salzkonzentrationen des Hybridisierungspuffers variierten von 0,5 x SSC bis 3,5 x SSC. Die eingesetzten Salzkonzentrationen des Waschpuffers lagen zwischen 0,01 x SSC und 3,5 x SSC. Die optimierten Bedingungen für den kolorimetrischen Nachweis von Amplifikaten in der Mikrotiterplatte sind in Tabelle 14 dargestellt.

Tab. 14: Hybridisierungbedingungen zum kolorimetrischen Nachweis von Salmonellen-spezifischen Amplifikaten in Mikrotiterplatten nach dem Prinzip des ELISA (Kap. 2.2.7.3.2)

Temperatur	60 °C
Inkubationszeit	30 Minuten
Salzkonzentration Hybridisierungspuffer	2,5 x SSC
Salzkonzentration Waschpuffer	0,01 x SSC
Fangsonde	1,2 pmol pro Kavität
Detektionssonde	100 fmol pro Kavität

Zur Ermittlung der optimalen Einsatzmenge der jeweiligen Fangsonde wurde die Mikrotiterplatte mit unterschiedlichen Mengen (0,6 pmol, 0,9 pmol, 1,2 pmol oder 2,4 pmol pro Kavität) beschichtet (Kap. 2.2.7.3.1). Die Hybridisierung erfolgte mit einer konstanten Amplifikatmenge und einer aufsteigenden Menge Detektionssonde von 25 fmol bis 100 fmol pro Kavität. Gebundenes Amplifikat wurde nach einer Inkubation mit dem Konjugat aus antiDig und alkalischer Phosphatase durch die Messung der Extinktion bei einer Wellenlänge von 405 nm nachgewiesen. Die gemessenen Werte nach einer 60-minütigen Entwicklungszeit der Farbreaktion sind in Abbildung 18 dargestellt.

Da die Extinktionen proportional zur Menge des gebundenen Amplifikates und damit auch zur Menge der Sonden sind, konnten sowohl die zur Beschichtung einzusetzende Menge der Fangsonde als auch die Menge der Detektionssonde optimiert werden.

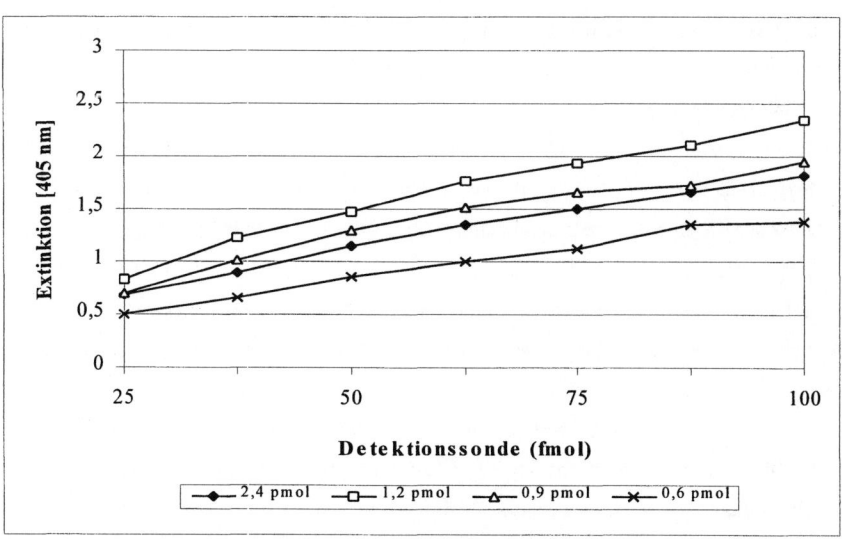

Abb. 18: Variation der Einsatzmengen der Fang- und Detektionssonde zum kolorimetrischen Nachweis der Salmonellen-spezifischen Amplifikate in der Mikrotiterplatte nach dem Prinzip des ELISA (Kap. 2.2.7.3.2)

Die Amplifikate wurden mit der Primerkombination ST12/ST15 generiert. Je Kavität wurden 50 ng Amplifikat eingesetzt. Die Beschichtung der Mikrotiterplatte erfolgte mit 0,6 pmol, 0,9 pmol, 1,2 pmol bzw. 2,4 pmol je Kavität biotinylierter Fangsonde. Die Digoxigenin-markierte Detektionssonde wurde in Mengen von 25 - 100 fmol je Kavität verwendet.

Die höchsten Extinktionswerte wurden bei einer Beschichtung mit 1,2 pmol Fangsonde pro Kavität unabhängig von der eingesetzten Menge Detektionssonde erzielt. Sowohl die Beschichtung mit 2,4 pmol, 0,9 pmol als auch 0,6 pmol Fangsonde pro Kavität ergab niedrigere Extinktionswerte. Durch die Hybridisierung mit einer aufsteigenden Menge von 25 fmol bis 100 fmol Detektionssonde war in allen Fällen ein Anstieg der Extinktionen zu beobachten. Die maximal eingesetzten Mengen der Detektionssonde ergaben bei einem 4 fach Ansatz durchschnittliche Extinktionswerte zwischen 1,375 bei 0,6 pmol und 2,338 bei 1,2 pmol Fangsonde, so daß die weiteren Versuche mit 100 fmol pro Kavität Detektionssonde durchgeführt wurden.

Parallele Ansätze zum Vergleich der Beschichtung der Mikrotiterplatte mit den Fangsonden vor der Hybridisierung mit der simultanen Zugabe der Fangsonden zum Hybridisierungsgemisch zeigten in der Extinktion keine Unterschiede. Somit können beide Varianten gleichermaßen gut verwendet werden.

Durch die Verwendung der 162 bp langen Detektionssonde war es möglich, Amplifikate durch Hybridisierung mit der jeweils spezifischen Fangsonde nachzuweisen. Die zur Kontrolle der spezifischen Bindung durchgeführten parallelen Kreuzhybridisierungen zeigten Extinktionswerte, die jedoch durchschnittlich bei 10 % der Werte des spezifischen Nachweises lagen. Diese Werte waren für ein empfindliches Nachweissystem nicht akzeptabel. Als eine mögliche Ursache wurde die Bildung unspezifischer Hybride zwischen der 162 bp langen Detektionssonde und den Amplifikaten angesehen, die trotz stringenter Waschschritte nicht eliminiert werden konnten (Sambrook *et al.* 1989). Deshalb wurde durch die Verwendung des 5' Digoxigenin-markierten Primers ST13 in Kombination mit dem Primer ST11 das Amplifikat direkt markiert. Die Hybridisierungsbedingungen wie sie in Tabelle 14 dargestellt sind, ohne Einsatz der Detektionssonde, erwiesen sich für diese Art des Nachweises ebenfalls als geeignet. Die Extinktionswerte ($OD_{405 nm}$) bei der Kreuzhybridisierung lagen unabhängig von der Konzentration des Amplifikates zwischen 0,050 und 0,060, während die Extinktionswerte bei den spezifischen Hybridisierungen mit der Konzentration des Amplifikates korrelierten. Die direkte Markierung der Amplifikate mit Digoxigenin stellt somit eine weitere Optimierung des Nachweissystems dar.

Auf der Grundlage dieser Parameter konnten die Nachweiseffizienzen von Amplifikaten der Wildtyp-Plasmid-DNA mit der Wildtyp-"capture probe" und Amplifikaten der Standard-Plasmid-DNA mit der Standard-"capture probe" ermittelt werden (Kap. 2.2.7.3.3). Der Nachweis der PCR-Produkte wurde als 3 fach Ansatz durchgeführt und von den nach 120 Minuten gemessenen Extinktionen die Mittelwerte gebildet. Die Extinktionen aus den jeweiligen Kreuzhybridisierungen zwischen Wildtyp-DNA mit ST-"capture probe" sowie Standard-DNA mit WT-"capture probe" lagen im Durchschnitt bei ≤ 0,05. Diese wurden bei den Extinktionen als Nullwerte berücksichtigt. Das Ergebnis der Hybridisierung ist in Abbildung 19 exemplarisch für die 313 bp Amplifikate dargestellt.

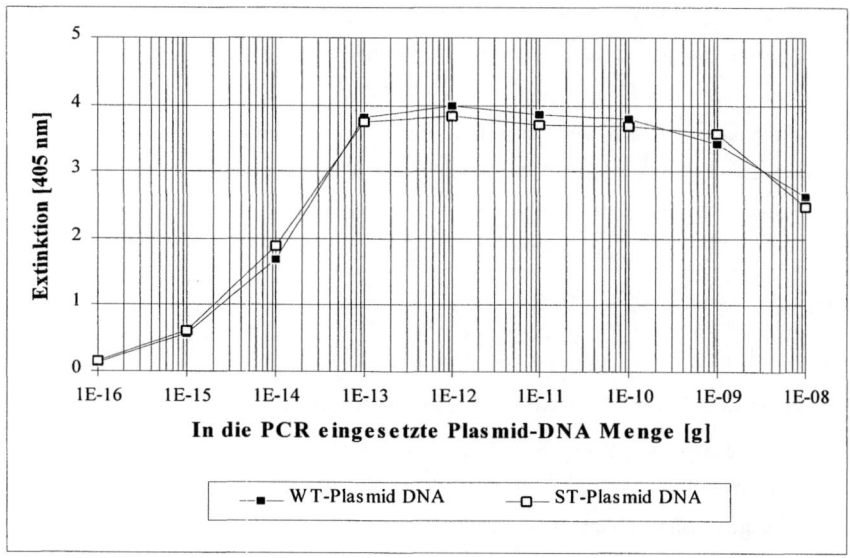

Abb. 19: Nachweiseffizienzen von Amplifikaten der Wildtyp-Plasmid-DNA (pGEM Vektor mit 429 bp *Salmonella*-Insert, Kap. 2.2.9) mit Wildtyp-"capture probe" und Standard-Plasmid-DNA (pGEM Vektor mit 423 bp *Salmonella*-Insert, Kap. 2.2.9) mit Standard-"capture probe"

Die Amplifikation erfolgte mit dem Primerpaar ST11/ST13Dig (Kap. 2.1.5) und dekadischen Verdünnungen von 100 ag bis 10 ng Plasmid-DNA. Der Nachweis der PCR-Produkte wurde kolorimetrisch nach dem Prinzip des ELISA (Kap. 2.2.7.3.2) durch Messung der Extinktion bei 405 nm durchgeführt.

Die Detektion der Amplifikationsprodukte durch eine Hybridisierung in der Mikrotiterplatte zeigte für WT-Plasmid-DNA und ST-Plasmid-DNA eine vergleichbare Effizienz (Abb. 19). Durch den Einsatz von 1 fg (= 3 x 10^2 Moleküle) der jeweiligen Plasmid-DNA wurden bei

WT-Plasmid-DNA Extinktionen von durchschnittlich 0,566 und bei ST-Pasmid-DNA von 0,617 ermittelt. Nach einer exponentiellen Phase bei der mit 35 Zyklen durchgeführten PCR wurde das Plateau durch die Amplifikation von 100 fg bis 100 pg Plasmid-DNA erreicht. Wurde die eingesetzte DNA-Menge noch weiter erhöht (1 ng bis 10 ng), so kam es zu einer Abnahme der Extinktionen mit Werten von 2,489 (ST-Plasmid-DNA) und 2,620 (WT-Plasmid-DNA). Eine mögliche Erklärung für die Abnahme der Extinktionswerte könnte die Renaturierung der Amplifikate sein, bevor der Digoxigenin-markierte Einzelstrang mit der Fangsonde hybridisieren kann. Eventuell kommt es bei hohen DNA-Ausgangskonzentrationen jedoch auch zu einer Hybridisierung der unmarkierten DNA mit der Fangsonde oder Amplifikaten und damit zu einer Kompetition, die sich in einer geringeren Hybridisierungseffizienz niederschlägt. Ein weiterer Grund könnte die vermehrte Ausbildung unspezifischer Hybride bei sehr hohen Amplifikat-Konzentrationen sein. Da diese durch die nachfolgenden Waschschritte entfernt werden, kommt es zu geringeren Extinktionwerten.

3.8.4   Kompetitive PCR

Die beschriebenen Charakteristika der PCR erschweren die Erhebung quantitativer Daten (Theoretischer Teil, Kap. 2.2.3). Die kompetitive PCR unter Verwendung einer internen Standard-DNA ist für eine quantitative Aussage die Methode der Wahl. Der entscheidende Vorteil besteht darin, daß das Verhältnis von Molekülen des internen Standards zu den gesuchten Zielmolekülen konstant bleibt, vorausgesetzt, daß Standard- und Ziel-DNA mit der gleichen Effizienz amplifiziert werden. Da mögliche Unterschiede während der exponentiellen Phase jedoch eher erkennbar sind, empfiehlt es sich für eine exakte Quantifizierung die Daten in dieser Phase zu erheben.

Um den Bereich zu ermitteln, bei der sowohl die Wildtyp-Plasmid-DNA als auch die Standard-Plasmid-DNA in einer meßbaren Größenordnung amplifiziert werden, wurden in der kompetitiven PCR eine dekadische Verdünnung der Wildtyp-Plasmid-DNA (100 ag - 10 pg) zusammen mit je 100 fg Standard-Plasmid-DNA mit den drei verschiedenen Primerkombinationen amplifiziert (Kap. 2.2.10). Die Amplifikation erfolgte mit jeder DNA-Menge als Doppelansatz. Das Ergebnis der Auswertung nach Hybridisierung in der Mikrotiterplatte ist in Abbildung 20 exemplarisch für die 263 bp Amplifikate dargestellt.

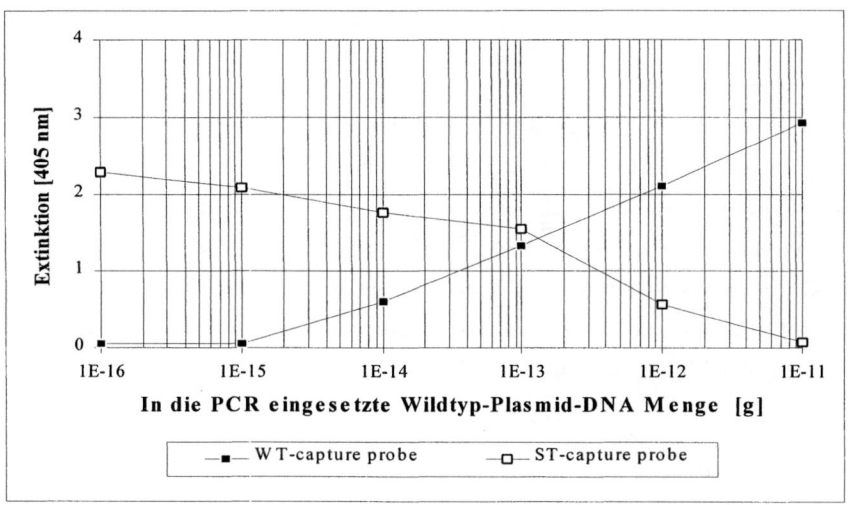

Abb. 20: Kompetitive PCR mit unterschiedlichen Mengen Wildtyp-Plasmid-DNA (100 ag - 10 pg pGEM Vektor mit 429 bp *Salmonella*-Insert) und einer konstanten Menge Standard-Plasmid-DNA (100 fg pGEM Vektor mit 423 bp *Salmonella*-Insert)

Die Amplifikation wurde mit der Primerkombination ST12/ST15 (Kap. 2.1.5) durchgeführt. Der Nachweis der 263 bp Amplifikate erfolgte kolorimetrisch nach dem Prinzip des ELISA (Kap. 2.2.7.3.2) durch Messung der Extinktion bei 405 nm nach der Hybridisierung mit den spezifischen biotinylierten "capture probes" (Kap. 2.1.5).

Die differentielle Hybridisierung eines Aliquots von 5µl aus der kompetitiven PCR zeigte, daß durch Einsatz von 100 fg ST-Plasmid-DNA zu 100 ag und 1 fg WT-Plasmid-DNA nur für die ST-DNA meßbare Extinktionen erhalten werden konnten. Wurde WT-Plasmid-DNA in einer Größenordnung von 10 fg bis 1 pg zugesetzt, gab es sowohl für die WT-Plasmid-DNA als auch für die ST-Plasmid-DNA meßbare Extinktionswerte. Durch eine Koamplifikation von 10 pg WT-Plasmid-DNA mit 100 fg ST-Plasmid-DNA wurden für den Standard keine Extinktionen im meßbaren Bereich beobachtet. Da der Nachweis in beiden Fällen eine ähnliche Effizienz zeigt (Abb. 19), sind die unterschiedlichen Extinktionen auf eine Kompetition in der PCR zurückzuführen. Eine Äquivalenz konnte durch den Einsatz von je 100 fg WT- und ST-Plasmid-DNA erreicht werden. Das kompetitive PCR-System erfüllt somit die Voraussetzungen zur Quantifizierung von PCR-Produkten.

3.8.4.1   **Amplifikationseffizienzen von Wildtyp- und Standard-Plasmid-DNA**

Die Bestimmung der Amplifikationseffizienz ist eine wesentliche Voraussetzung zur Nutzung einer internen Standard-DNA zur Quantifizierung von PCR-Produkten. Dazu wurden 1000 Moleküle sowohl der WT-Plasmid-DNA als auch der ST-Plasmid-DNA in einer PCR mit 20 bis 41 Zyklen amplifiziert (Kap. 2.2.3.1). Die Auswertung durch die Hybridisierung der Amplifikate in Streptavidin-beschichteten Mikrotiterplatten wurde entsprechend den in Tabelle 14 definierten Bedingungen durchgeführt. Durch die Verwendung des 5` Digoxigenin-markierten Primers ST13 wurden die Amplifikate direkt markiert, so daß der Zusatz der Detektionssonde entfiel. In Tabelle 15 sind die Extinktionswerte als Mittelwerte einer Doppelbestimmung nach Abzug des Nullwertes von 0,053 dargestellt.

Tab. 15: Kolorimetrischer Nachweis von Amplifikaten (313 bp) der Wildtyp-Plasmid-DNA (pGEM Vektor mit 429 bp *Salmonella*-Insert) und Standard-Plasmid-DNA (pGEM Vektor mit 423 bp *Salmonella*-Insert) nach dem Prinzip des ELISA (Kap. 2.2.7.3.2)

Die Amplifikation von je 1000 Molekülen Plasmid-DNA erfolgte mit der Primerkombination ST11/ST13Dig (Kap. 2.1.5) durch 20 bis 41 PCR Zyklen. Die Mikrotiterplatte wurde mit je 1,2 pmol pro Vertiefung der biotinylierten "capture probes" beschichtet. Der Nachweis der Digoxigenin-markierten Amplifikate erfolgte durch die Messung der Extinktion bei 405 nm nach einer 120-minütigen Inkubation des Farbsubstrates.

Anzahl der	Extinktion (405 nm)	
PCR-Zyklen	WT-Amplifikat	ST-Amplifikat
20	0,005	0,003
23	0,008	0,001
26	0,061	0,057
29	0,440	0,406
32	2,291	2,262
35	3,296	3,265
38	3,553	3,537
41	3,554	3,600

Die Extinktionen der Amplifikate von WT-Plasmid-DNA und ST-Plasmid-DNA zeigten keine wesentlichen Unterschiede. Die Amplifikation mit 20 bis 26 Zyklen ergab Meßwerte unter 0,1. Zwischen 29 und 38 PCR-Zyklen wurden Extinktionen von 0,440 bis 3,553 bei WT-

Plasmid DNA und 0,406 bis 3,537 bei ST-Plasmid DNA gemessen. Eine weitere Steigerung auf 41 Zyklen führte zu keiner signifikanten Zunahme der Extinktionen.

Unter optimalen PCR-Bedingungen kann theoretisch mit jedem Zyklus eine Verdopplung von Amplifikaten erreicht werden. Da unter realen Bedingungen eine Verdopplung der Kopienzahl jedoch nicht mit jedem Zyklus erzielt wird, muß zusätzlich der Faktor der Amplifikationseffizienz berücksichtigt werden. Durch die Formel

$$\frac{E_{n2}}{E_{n1}} = (1 + F)^{n2-n1}$$

kann die Amplifikationseffizienz F, die zwischen 1 und 0 liegt, berechnet werden. Dabei ist E_{n2} der Meßwert der Extinktion, der jeweils auf E_{n1} folgt, n2 die Anzahl der Zyklen, die auf n1 folgt. Anhand der gemessenen Extinktionswerte (Tab. 15) wurden die Amplifikationseffizienzen ermittelt. Das Ergebnis für die einzelnen Zyklusintervalle ist in Tabelle 16 dargestellt.

Tab. 16: Amplifikationseffizienzen von Wildtyp- und Standard-Plasmid-DNA (pGEM Vektor mit *Salmonella* spezifischen Inserts, Kap. 2.2.9)
Die PCR erfolgte mit je 1000 Molekülen Ziel-DNA und dem Primerpaar ST11/ST13Dig (Kap. 2.1.5) mit unterschiedlichen Zyklenzahlen (20 - 41).

Anzahl der PCR-Zyklen	Amplifikationseffizienz (F)[a]	
	WT-Plasmid DNA	ST-Plasmid DNA
20 - 23	*	*
23 - 26	*	*
26 - 29	0,93	0,92
29 - 32	0,73	0,77
32 - 35	0,12	0,13
35 - 38	0,02	0,02
38 - 41	0,00	0,00

* Extinktionswerte unterhalb der Nachweisgrenze

[a] Die Berechnung der Amplifikationseffizienz (F) erfolgte nach der Formel

$$F = \sqrt[n2-n1]{\frac{E_{n2}}{E_{n1}}} - 1$$

Die Amplifikationseffizienzen zeigten, daß zwischen 26 und 29 Zyklen mit 0,92 bei ST-Plasmid-DNA und mit 0,93 bei WT-Plasmid-DNA die höchsten Werte erreicht wurden. Bei

Durchführung der PCR mit 29 bis 32 Zyklen, lag die errechnete Amplifikationseffizienz für WT-Plasmid-DNA bei 0,73, die für ST-Plasmid-DNA bei 0,77. Unabhängig davon ob WT-oder ST-Plasmid-DNA eingesetzt wurde, wurden für die Amplifikationseffizienz zwischen den Zyklen 32 bis 35 lediglich Werte von 0,13 und 0,12 errechnet. Zwischen 35 und 41 Zyklen lag die Amplifikationseffizienz zwischen 0,02 und 0. Bei der PCR mit weniger als 26 Zyklen lagen die Extinktionswerte unterhalb der Nachweisgrenze. Eine annähernd exponentielle Zunahme von Amplifikaten konnte somit nur zwischen den Zyklen 26 bis 29 nachgewiesen werden.

Eine vergleichbare Amplifikationseffizienz konnte bei der Verwendung der Primerkombination ST12/ST15 (Kap. 2.1.5) ermittelt werden.

3.8.4.2   Interne Standard-DNA als Amplifikationskontrolle

Der Zusatz einer internen Standard-DNA in die PCR dient der Überprüfung der Amplifizierbarkeit der potentiell in der Probe vorhandenen Ziel-DNA. Die Konzentrationen sind so zu wählen, daß bei der Abwesenheit von Ziel-DNA in einer Probe die zugesetzte interne Standard-DNA amplifiziert wird und eine eindeutige Extinktion im ELISA liefert. Bei der Anwesenheit von Ziel-DNA in der Probe sollte die Amplifikation in der kompetitiv verlaufenden PCR zugunsten der nachzuweisenden DNA erfolgen. Um dies zu gewährleisten, wurden kompetitive Amplifikationsreaktionen mit verschiedenen Konzentrationen interner Standard-DNA unter Zusatz unterschiedlicher Konzentrationen genomischer Salmonellen-DNA durchgeführt. Der Einsatz der internen Standard-DNA erfolgte in Konzentrationen von 0,05 fg bis maximal 5,0 fg. Genomische Salmonellen-DNA wurde in einer Größenordnung von bis zu 10^5 Genomäquivalenten verwendet. Als Kontrolle dienten Amplifikationen genomischer Salmonellen-DNA ohne interne Standard-DNA. Die Ergebnisse sind in Abbildung 21 dargestellt.

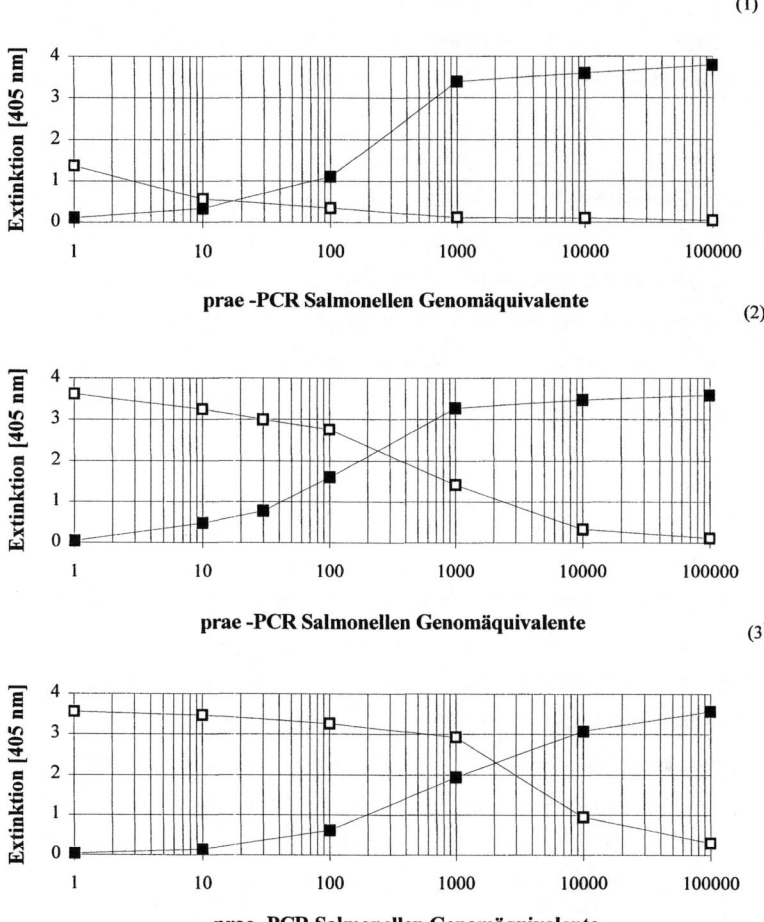

Abb. 21: Kompetitive PCR von 0,05 fg (Grafik 1), 0,5 fg (Grafik 2) bzw. 5,0 fg (Grafik 3) Standard-Plasmid-DNA (pGEM Vektor mit 423 bp *Salmonella*-Insert, Kap. 2.2.9) mit 1 - 10^5 Genomäquivalenten des *S.* Serovars Typhimurium (Stamm 2712/93) mit der Primerkombination ST11/ST13Dig (Kap. 2.1.5)

Der Nachweis der Amplifikate erfolgte kolorimetrisch nach dem Prinzip des ELISA (Kap. 2.2.7.3.2) durch Messung der Extinktion bei 405 nm nach der Hybridisierung mit den spezifischen biotinylierten WT- und ST-Fangsonden.

Durch die Verwendung unterschiedlicher Mengen ST-Plasmid-DNA in kompetitiven Amplifikationsreaktionen mit $1 - 10^5$ Genomäquivalenten genomischer Salmonellen-DNA (*S.* Typhimurium Stamm 2712/93) konnte der jeweilige Bereich der meßbaren Extinktionen ermittelt werden.

Der Nachweis von 10 bis 100 Genomäquivalenten *S.* Typhimurium-DNA wurde durch den Zusatz von 0,05 fg bzw. 0,5 fg ST-Plasmid-DNA nicht beeinträchtigt. In beiden Fällen konnte auch bei Einsatz von 10 GÄ in die PCR noch eine meßbare Extinktion ermittelt werden. Diese Werte sind somit vergleichbar mit der für das PCR-System ermittelten Sensitivität (Abb. 13, Tab. 9). Erst durch den Zusatz von 5,0 fg ST-Plasmid-DNA wurde die Amplifikation von Salmonellen-DNA beeinträchtigt. Infolge der Kompetition waren die gemessenen Extinktionswerte einer PCR mit $<10^3$ Genomäquivalenten deutlich geringer und ein Nachweis von 10 GÄ war nicht mehr sichergestellt.

Bei der Betrachtung der Extinktionswerte für die ST-DNA waren die Werte bei Verwendung von 0,05 fg ST-DNA generell sehr niedrig und daher für den Einsatz als Amplifikationskontrolle weniger geeignet (Abb. 21/1). Die Amplifikationsreaktionen mit 0,5 fg ST-DNA (= 150 Kopien Plasmid-DNA) ergaben dagegen eindeutige Extinktionswerte, ohne eine Kompetition der Amplifikation von Salmonellen-DNA zu bewirken. Diese Standard-DNA-Menge ist somit als Amplifikationskontrolle geeignet. Sie gewährleistet maximale Sensitivität für einen Salmonellennachweis bei eindeutigen Extinktionswerten für die Standard-DNA.

Der Einsatz einer bestimmten Menge der internen Standard-DNA läßt damit jeweils nur in einem begrenzten Bereich eine sichere Aussage zu. Für eine quantitative Analyse, bei der keine Informationen über die Keimzahl von Salmonellen in einer Probe vorhanden sind, empfiehlt sich deshalb die Verwendung von mehreren unterschiedlichen Konzentrationen interner Standard-DNA.

4 Diskussion

Im Rahmen dieser Arbeit wurde ein spezifisches Nachweissystem für Salmonellen in Lebensmitteln auf der Grundlage der Polymerase-Kettenreaktion entwickelt. Um einerseits den Nachweis lebender Salmonellen zu gewährleisten, andererseits die benötigte Keimzahl von 10^3 - 10^4 KBE Salmonellen/ml für einen Nachweis zu erreichen, erfolgte initial eine kulturelle Anreicherung über 16 Stunden.

Die DNA-Extraktion aus den Mikroorganismen wurde nach einer differentiellen Zentrifugation zur Abtrennung der Lebensmittelmatrix durchgeführt. Durch die anschließende Reinigung der DNA sowie dem Zusatz von 3 µg/µl Rinderserumalbumin (BSA) zu den PCR-Ansätzen konnte eine wesentliche Verringerung der PCR-Inhibition, insbesondere bei kakaohaltigen Matrices, erzielt werden.

Weiterhin wurden die Bedingungen für eine kompetitive PCR für Salmonellen mit einer internen Standard-DNA entwickelt. Letztere unterschied sich lediglich durch eine Deletion von 6 bp von der Salmonellen-spezifischen DNA, so daß in der PCR die gleiche Amplifikationseffizienz erzielt wurde.

Im Hinblick auf eine Automatisierung des Nachweises war es nötig, die kolorimetrische Detektion von Amplifikaten in Form eines "PCR-ELISA" in Streptavidin-beschichteten Mikrotiterplatten zu etablieren. Dazu wurden 20 bp lange biotinylierte Fangsonden sowohl für die Standard-DNA als auch für die Wildtyp-DNA entwickelt.

4.1 Spezifität der Primer

Salmonellen-spezifische PCR-Nachweissysteme basieren auf der Amplifikation unterschiedlicher Gene, wie z. B. *inv*A ("invasion associated plasmid") (Rahn *et al.* 1992), *iag*AB ("invasion-associated gene") (Chevrier *et al.* 1995), *via*B ("Vi antigen") (Hashimoto *et al.* 1995), IS200 (Insertionselement 200) (Cano *et al.* 1993), *omp*C ("outer membrane protein") (Kwang *et al.* 1996), *ori*C ("origin of replication") (Widjojoatmodjo *et al.* 1991), 16S DNA (Lin und Tsen 1996) sowie nicht näher charakterisierter Genregionen (Nguyen *et al.* 1994). Die wesentlichen Unterschiede der PCR-Systeme liegen dabei in der Spezifität und Sensitivität.

Die in der vorliegenden Arbeit amplifizierte Genregion liegt innerhalb eines 2,3 kb großen "random cloned" Fragmentes von *S.* Typhimurium (Aabo *et al.* 1993). Die verwendeten Primer (Kap. 2.1.5) sind spezifisch für Mikroorganismen der Gattung *Salmonella*, wie durch Untersuchungen mit 81 verschiedenen Mikroorganismenarten (Nicht-*Salmonella*) gezeigt werden konnte. Die Spezifität innerhalb der Gattung *Salmonella*, die mit 202 verschiedenen Serovaren getestet wurde, lag je nach Amplifikationsprimerpaar bei 97,5 % (ST12/ST15), 94,5 % (ST11/ST13) und 87,1 % (ST11/ST15). Spezifitätsunterschiede sind im besonderen bei den Serovaren der *S. enterica* Subspezies *arizonae* und Subspezies *indica*, sowie bei der Spezies *S. bongori* zu beobachten (Tab. 8).

Um Informationen bezüglich einer möglichen Funktion der amplifizierten Genregion zu erhalten, wurde ein Abgleich der 429 bp langen, durch die Primerkombination ST11/ST15 (Kap. 2.1.5) generierten Sequenz von *S.* Typhimurium mit den Sequenzdaten von GenBank und EMBL vorgenommen. Anhand der Datenbankeinträge war es jedoch nicht möglich, Gene mit einer signifikanten Homologie zu finden.

Als gattungsspezifisch für Salmonellen gelten virulenzassoziierte Gene wie z. B. die Fimbriengene *fim* (Typ 1 Fimbrien), *agf* "thin aggregative fimbriae", *lpf* "long polar fimbriae" (Cohen *et al.* 1996), oder das *inv*A Gen "invasion associated plasmid" (Li *et al.* 1995). Auf letzterem basiert ein von Rahn *et al.* (1992) etabliertes Nachweissystem. Die Spezifitätsprüfungen, die die Autoren mit insgesamt 630 Stämmen und über 100 Serovaren durchführten, ergaben eine Spezifität von 99,4 %. Die Untersuchungen zeigten jedoch, daß Stämme der Serovare Senftenberg und Litchfield mit den von Ihnen verwendeten Primern nicht erfaßt wurden. Da das Serovar Senftenberg jedoch in Deutschland in der jüngsten Vergangenheit ca. 2 % bis 3 % der jährlich isolierten Salmonellen ausmachte (Nationales Referenzzentrum für Salmonellosen, Berlin), sollte auch dieses Serovar erfaßt werden. Burkhalter *et al.* (1995) etablierten dafür ein "nested PCR"-System. Die inneren Primer entsprechen denen von Rahn *et al.* (1992), wobei der "sense" Primer sowohl am 3'-, als auch am 5'-Ende um zwei Basen gekürzt wurde. Hierauf konnten die beiden Serovare mit diesem PCR-System zwar nachgewiesen werden, jedoch beschränkten sich die Versuche zur Spezifität auf nur 43 Stämme, die ausschließlich der *S. enterica* Subspezies *enterica* zugeordnet werden.

Im Gegensatz zu den bisher erwähnten PCR-Systemen steht der artspezifische Nachweis von Salmonellen, d. h. die Abgrenzung von *S. enterica* und *S. bongori*. Mit der Primerkombination ST12/ST15 (Kap. 2.1.5) konnten alle in dieser Arbeit verwendeten Serovare der Spezies *S. enterica* mit allen Subspezies, jedoch keines der Serovare von *S. bongori* nachgewiesen werden (Tab. 8). Damit ist dieses PCR-System artspezifisch für *Salmonella enterica*.

Für den artspezifischen Nachweis eignet sich ebenfalls das *iro*B Gen (Bäumler *et al.* 1997). Von 150 getesteten bakteriellen Isolaten beider Spezies sowie aller Subspezies konnten Isolate von *S. bongori* mit dem verwendeten Primer nicht amplifiziert werden. Weitere Genloci, die bei *S. bongori* nicht vorhanden sind und deshalb zur Abgrenzung der beiden Arten verwendet werden können, sind das Enterotoxin Gen *stn* (Prager *et al.* 1995) sowie die von Hensel *et al.* (1997) beschriebene "Pathogenitätsinsel". Diese Daten bestätigen die Ansicht, daß es sich bei *S. bongori* um eine eigene Art und nicht wie lange Zeit angenommen, um eine Subspezies von *S. enterica* handelt (Reeves *et al.* 1989).

Als weitere Möglichkeit für einen artspezifischen Nachweis von *S. enterica* wird das Insertionselement IS200 beschrieben (Lam und Roth 1983, Gibert *et al.* 1990). Da dieses Insertionselement jedoch weit verbreitet ist bei Stämmen von *Shigella flexneri* und *Shigella sonnei* (Gibert *et al.* 1990), könnten bei einem Nachweis, der auf dieser Genregion basiert, vermehrt falsch positive Resultate auftreten. Ebenfalls als artspezifisch beschrieben Widjojoatmodjo *et al.* (1991) den PCR-Nachweis von Salmonellen durch die Amplifikation eines 163 bp langen DNA-Abschnitts aus dem Replikationsursprung (*oriC*). Die zur Prüfung der Spezifität verwendeten Stämme verschiedener Salmonellen beschränkten sich jedoch auf Serovare der Subspezies *enterica*, so daß ein artspezifischer Nachweis durch die vorhandenen Daten nicht belegt werden kann.

Einen spezies- und serovarspezifischen Nachweis für *S*. Enteritidis in Hühnerfleisch entwikkelten Mahon *et al.* (1994) auf der Basis einer multiplex-PCR. Als Primer verwendeten sie die bereits von Widjojoatmodjo *et al.* (1991) publizierten Sequenzen. Der serovarspezifische Nachweis gelang durch die Amplifikation einer spezifischen Sequenz des Virulenzplasmids von *S*. Enteritidis. Mit diesem multiplex-System gelang es zwar, *S*. Enteritidis in einer Kultur von anderen Salmonellen abzugrenzen, jedoch war der serovarspezifische Nachweis bei realen Untersuchungsproben nicht möglich. Die Autoren führen dies auf eine Variabilität der Genregion innerhalb der verschiedenen Isolate zurück und empfehlen die Modifizierung der Primer sowie die Testung weiterer Isolate.

Auch wenn der PCR-Nachweis auf der Ebene von Serogruppen oder Serovaren wünschenswert ist, so ist dies im Bereich der Lebensmittelhygiene nicht nötig, da die völlige Abwesenheit jeglicher Salmonellen gefordert wird. Abgesehen davon, erscheint bei einer Anzahl von bisher mehr als 2300 verschiedenen Serovaren, wobei neue Serovare jederzeit hinzukommen können, eine serovarspezifische Zuordnung unmöglich.

Im Gegensatz zur Lebensmittelhygiene ist im klinischen Bereich die Etablierung serogruppen- oder serovarspezifischer Nachweise für Salmonellen für eine schnelle Diagnose von großer Bedeutung. Durch die selektive Amplifikation des Abequose- und Paratose Synthase Gens (*rfb*) gelang es Luk *et al.* (1993), zwischen Salmonellen der Serogruppen A, B, C2 und D zu differenzieren. Da 70 % aller humanen und tierischen Salmonelleninfektionen durch diese Serogruppen ausgelöst werden (Rowe 1987), erscheint hier eine Differenzierung sinnvoll.

Einen spezifischen Nachweis für das Serovar Typhi versuchten Hashimoto *et al.* (1995) auf der Grundlage des Vi-Antigens zu entwickeln. Da das Auftreten negativer Stämme für das Vi-Antigen von mehreren Autoren weltweit beschrieben wurde (French *et al.* 1977, Sanborn *et al.* 1979, Jegathesan 1983), ist die Validität eines solchen Systems jedoch fraglich. Ein weiteres System zum Nachweis von *S.* Typhi beschrieben Song *et al.* (1993). Durch eine "nested-PCR" konnte ein 343 bp Fragment des Flagellin Gens (*H1-d*) von *S.* Typhi amplifiziert werden. Die Prüfung der Spezifität erfolgte jedoch nur mit wenigen unterschiedlichen Serovaren, so daß der Spezifitätsnachweis eingeschränkt betrachtet werden muß. Neben dem Einsatz in der Medizin ist ein serovarspezifischer PCR-Nachweis im Bereich der Epidemiologie von großem Interesse.

Nach Angaben von Aleksic *et al.* (1996) können > 99 % aller Salmonellen-Isolate aus klinischen Materialien *S. enterica* Subspezies *enterica* zugeordnet werden. Der Nachweis dieser relevanten Subspezies ist mit allen in dieser Arbeit getesteten Serovaren mit den drei verwendeten Primerkombinationen möglich. Darüberhinaus kann mit der Primerkombination ST12/ST15 (Kap. 2.1.5) *S. enterica* von *S. bongori* abgegrenzt werden.

Mit den Primern ST11/ST13 (Kap. 2.1.5) war die Amplifikation aller getesteten Serovare von *S. enterica* ssp. *enterica*, ssp. *salamae*, ssp. *diarizonae*, ssp. *houtenae* und ssp. *indica* sowie von *S. bongori* möglich. Von 19 Serovaren der Subspezies *arizonae* konnten 11 amplifiziert werden. Die Daten der Sequenzierung zeigen, daß innerhalb des 429 bp Amplifikates, generiert mit der Primerkombination ST11/ST15 (Kap. 2.1.5), erhebliche Basenaustausche vorhanden sind (Abb. 22). Aufgrund der unterschiedlichen Amplifizierbarkeit der eingesetzten DNA ist davon auszugehen, daß bei Serovaren der Subspezies *arizonae* Variationen im Bereich des Primers ST11 vorliegen müssen. Bei den elf Serovaren, die überhaupt nicht amplifizierbar waren, muß angenommen werden, daß im Bereich der Primer-Bindungsstelle größere Sequenzvariationen vorliegen. Vier Serovare, bei denen erst durch eine Hybridisierung des

Southern-Blots die Amplifikation nachgewiesen werden konnte, lassen hingegen geringere Sequenzvariationen im Bereich des Primers ST11 vermuten. Bei *S. bongori* müssen die Austausche dagegen im Bereich des Primers ST15 lokalisiert sein. Die in der vorliegenden Arbeit festgestellten Unterschiede in der Amplifizierbarkeit der DNA bestätigen die phylogenetische Verwandtschaft zwischen den zwei Spezies und sechs Subspezies der Gattung *S. enterica*, wie sie von Reeves *et al.* (1989) postuliert wird (Abb. 23).

Eine Möglichkeit, die Spezifität der hier verwendeten Amplifikationssysteme noch weiter zu verbessern besteht darin, durch die Sequenzierung weiterer Serovare der Subspezies IIIa von *S. enterica* sowie von *S. bongori* zusätzliche Informationen zu erhalten. Denkbar ist die Verwendung degenerierter Primer auf der Basis der in dieser Arbeit getesteten Primerkombinationen. Ebenso könnte die Auswahl alternativer Primerbindungsstellen eine höhere Spezifität gewährleisten.

4.2   Sensitivität des PCR-Nachweissystems

Ein wichtiges Kriterium der auf PCR-Basis etablierten Methoden zum Nachweis von Mikroorganismen ist die Sensitivität. Da diese von einer Vielzahl chemischer und technischer Faktoren abhängig ist, soll besonders auf die Genregion und die zur Amplifikation verwendeten Primer sowie auf das verwendete Detektionssystem eingegangen werden. Weitere Punkte, die die Nachweisgrenze maßgeblich beeinflussen, sind der Einfluß von Fremd-DNA sowie die untersuchte Lebensmittelmatrix.

Bedauerlicherweise gibt es in der Literatur keine standardisierten Angaben bezüglich der Sensitivität, was einen Vergleich wesentlich erschwert. Einige Autoren beziehen sich auf die geringste Menge von DNA, die detektiert werden kann, andere hingegen auf die DNA-Menge, die für eine Amplifikation eingesetzt werden muß, oder auf die Zellzahl pro Milliliter oder pro Reaktion, wobei das Reaktionsvolumen ebenfalls unterschiedlich sein kann.

Im Rahmen der vorliegenden Arbeit wurden die Nachweisgrenzen der PCR für Salmonellen-DNA mit drei Primerkombinationen in Abhängigkeit der Nachweismethode ermittelt (Kap. 3.4). Dabei gab es bezüglich der zur Amplifikation verwendeten Primer ST11/ST15, ST11/ST13 und ST12/ST15 (Kap. 2.1.5) keine Unterschiede. Da die Detektionsmethoden jedoch unterschiedliche Empfindlichkeiten aufweisen, werden für die Amplifikationsreaktionen unterschiedliche DNA-Mengen als Ausgangskonzentration für ein positives Ergebnis benötigt. So lag der spezifische Nachweis mittels Southern-Blot Hybridisierung bei 5 fg DNA, mittels Agarosegel bei 50 fg DNA und mittels kolorimetrischem Nachweis in der Mikrotiter-platte bei 5 – 50 fg DNA, die mindestens für eine Amplifikationsreaktion benötigt wurden (Tab. 10). Bei einer angenommenen Genomgröße von 4808 kb (Liu *et al.* 1993), entspricht diese DNA-Menge ein bis zehn Genomäquivalenten von *Salmonella* Typhimurium.

Vergleichbare Nachweisgrenzen ermittelten Song *et al.* (1993) durch die Amplifikation eines 434 bp langen Abschnitts des Flagellin-Gens, Burkhalter *et al.* (1995) durch die Amplifikati-on eines Abschnitts des *inv*A Gens sowie Hashimoto *et al.* (1995) durch den Nachweis des Vi-Gens. Die Sensitivität ist zwar in allen Fällen vergleichbar mit der Sensitivität des hier beschriebenen PCR-Systems, jedoch wurde sie nur durch den Einsatz einer "nested-PCR" mit Zyklenzahlen zwischen 60 und 80 erreicht.

Zhu *et al.* (1996) beschrieben eine Nachweisgrenze von 0,1 pg DNA bei einer Amplifikation der 5S - 23S Spacer Region von *Salmonella* Serovar Typhi. Damit hat dieses PCR-System, obwohl es auf einer ribosomalen Genregion mit mehreren Kopien pro Genom basiert, eine um den Faktor 2 bis 20 geringere Sensitivität als das in dieser Arbeit beschriebene. Das PCR-System zum Nachweis von Salmonellen von Kwang *et al.* (1996) mit einer Sensitivität von 1 pg DNA basiert auf der Amplifikation des *omp*C Gens und ist somit um den Faktor 20 bis 200 weniger sensitiv. Da beide Nachweisgrenzen auf einer Amplifikation mit nur 30 Zyklen basieren, ist der Unterschied möglicherweise dadurch bedingt. Die Nachweisgrenze für das von Rahn *et al.* (1992) beschriebene System, das auf der Amplifikation eines 284 bp Frag-ments des *inv*A Gens von *S.* Typhimurium beruht, liegt bei 27 pg DNA und zeigt damit trotz einer vergleichbaren Zyklenzahl eine wesentlich schlechtere Sensitivität, sowohl im Vergleich zu den eigenen Daten als auch zu den Literaturdaten. Damit wird deutlich, daß die Sensitivität eines PCR-Systems maßgeblich durch die Genregion und die zur Amplifikation verwendeten Primer beeinflußt wird.

Neben den bereits erwähnten Faktoren hat das Detektionssystem erheblichen Einfluß auf die Sensitivität. Bei der kolorimetrischen Detektion Salmonellen-spezifischer Amplifikate in der Mikrotiterplatte (Kap. 2.2.7.3) lag die Nachweisgrenze bei 5 – 50 fg DNA (ca. 1 - 10 Geno-mäquivalente) (Tab. 9). Obwohl der Nachweis von Mikroorganismen im Mikrotiterplatten-format einerseits die Möglichkeit zur Automation und andererseits zur Quantifizierung eröff-net, gibt es bisher nur vereinzelt derartige Entwicklungen. So beispielsweise von Chevrier *et al.* (1993) für Salmonellen der Subspezies *enterica*, mit einer Nachweisgrenze von 10 Zellen in einer PCR mit 40 Zyklen. Diese Sensitivität wurde sowohl von Cano *et al.* (1993) als auch von Soumet *et al.* (1995) beschrieben.

Der Einfluß des Detektionssystems auf die Sensitivität wird noch unterstrichen durch die Arbeiten von Soumet *et al.* (1994, 1995). Bei einer Detektion im Agarosegel lag die Nachweisgrenze der PCR aus einer Reinkultur von Salmonellen bei 10 - 50 Mikroorganismen. Durch die Hybridisierung von Amplifikaten in der Mikrotiterplatte und einer kolorimetrischen Detektion wurde eine Nachweisgrenze von 50 Zellen ermittelt. Erfolgte dagegen eine Chemolumineszenz-Detektion, lag sie bei 5 Zellen und war damit um den Faktor 10 besser. Eine ähnliche Beobachtung machten Cano *et al.* (1993). Sie konnten 1 – 10 KBE basierend auf der Amplifkation der IS 200 Sequenz und einer Fluoreszenzdetektion nachweisen. Bei einem kolorimetrischen Nachweis ermittelten sie dagegen eine Detektionsgrenze von 100 KBE. Da der Nachweis mittels Chemolumineszenz oder Fluoreszenz im Gegensatz zur Kolorimetrie offensichtlich eine 10- bis 100 fach bessere Sensitivität aufweist, konnte dadurch die Nachweisgrenze erheblich verbessert werden. Um die maximale Sensitivität zu gewährleisten, sollte deshalb der Nachweis mittels Chemolumineszenz oder Fluoreszenz angestrebt werden. Möglicherweise wäre dadurch eine weitere, wenn auch nur begrenzte Verbesserung der Nachweisgrenze des hier beschriebenen PCR-Systems zu erreichen.

Die Anwendung der PCR als Nachweismethode pathogener Mikroorganismen im Bereich der Lebensmittelhygiene setzt eine kulturelle Anreicherung voraus. Da je nach Lebensmittel neben den gesuchten Mikroorganismen Begleitkeime in einer vielfachen Größenordnung vorhanden sein können, die sich ebenfalls vermehren, wirkt sich der Einfluß von Fremd-Bakterien und damit Fremd-DNA in der Regel negativ auf die Sensitivität aus (Wilson *et al.* 1994, Lienert und Fowler 1992). Jedoch wurden auch Fälle beschrieben, bei welchen aufgrund von unspezifischer DNA die Sensitivität verbessert werden konnte (Dickinson *et al.* 1995). Möglicherweise diente in diesem Fall die unspezifische DNA als "carrier" während der DNA-Fällung.

Auf das hier verwendete PCR-System hatten 50 ng Fremd-DNA (ca. 10^7 Genomäquivalente von *C. freundii*) keinen Einfluß auf die Amplifikationseffizienz von 50 fg genomischer Salmonellen-DNA (ca. 10 Genomäquivalente) (Kap. 3.4). Somit wurde durch einen 10^6 fachen Überschuß von Fremd-DNA, die Nachweisgrenze nicht beeinträchtigt.

Zu Untersuchungen über den Einfluß von "non-target" Bakterien bzw. unspezifischer DNA

auf die Sensitivität der PCR im Lebensmittelbereich gibt es in der Literatur jedoch nur vereinzelt präzise Angaben. So stellten Weaver und Rowe (1997) fest, daß durch den Zusatz von bis
zu 10^8 KBE/ml Fremd-Bakterien die Sensitivität der PCR zum Nachweis von enterotoxischen
E. coli (Serovar O157:H7) nicht beeinträchtigt wurde. Erst ab ca. 10^9 KBE/ml Fremd-
Bakterien erhöhte sich die Nachweisgrenze von 10^4 KBE/ml auf 10^8 KBE/ml *E. coli*.

Erheblichen Einfluß auf die Nachweisgrenze bei der Anwendung der PCR im Bereich der
Lebensmittelhygiene hat die Lebensmittelmatrix. Dies kann sowohl durch hohe Verluste während der DNA-Präparation als auch durch die Koextraktion PCR-inhibitorischer Substanzen
bedingt sein. Für die hier entwickelte Methode war eine Mindestkeimzahl von 10^3 KBE/ml
Salmonellen in Vollmilchpulver oder Schokolade nötig, um einen positiven Nachweis führen
zu können. Für den Nachweis von Salmonellen in Kakao war eine Ausgangskeimzahl von
10^4 KBE/ml eine Voraussetzung (Abb. 16). Diese Keimzahlen werden im allgemeinen ohne
eine vorherige kulturelle Anreicherung des zu untersuchenden Lebensmittels nicht erreicht.
Da auch mit subletal geschädigten Salmonellen gerechnet werden muß, hat sich die Kultur in
einem unselektiven Medium zur Wiederbelebung und die anschließende selektive Anreicherung der Salmonellen für die in dieser Arbeit bearbeiteten Matrices als notwendig erwiesen.
Darüberhinaus kann durch eine geeignete Anreicherung gleichzeitig sichergestellt werden,
daß die in der PCR nachgewiesenen Mikroorganismen lebend waren.

Aufgrund fehlender Daten ist ein direkter Vergleich der Nachweisgrenzen von Mikroorganismen aus Schokolade und Kakao mittels PCR nicht, bzw. für Milchpulver nur in geringem
Umfang möglich. Für den Nachweis von Salmonellen in Eiern wurde ebenfalls eine Mindestkeimzahl von 10^3 KBE/ml ermittelt (Bäumler *et al.* 1997, Burkhalter *et al.* 1995). Diese wurde von Bäumler *et al.* (1997) erreicht durch eine Kultivierung über 16 Stunden in Phosphatgepuffertem Wasser bei einem initialen Inokulum von 2 - 5 KBE / 25 Gramm. Somit sind die
beschriebenen Mindestkeimzahlen vergleichbar mit den in dieser Arbeit ermittelten.
Woodward und Kirwan (1996) hingegen benötigten eine Keimzahl von ca 10^7 - 10^8 KBE/ml
für den von ihnen entwickelten PCR-Nachweis von *S.* Enteritidis aus Eiern. Da ohne Lebensmittelmatrix eine Sensitivität von wenigen Bakterien ermittelt wurde, die in die PCR eingesetzt werden müssen, kann die schlechte Nachweisgrenze eindeutig auf den Einfluß der
Matrix zurückgeführt werden. Für den Nachweis von *S. aureus* in Milchpulver beschrieben
Wilson *et al.* (1991) eine Mindestkeimzahl von 10^5 KBE/ml. Da die Nachweisgrenze der PCR

einer Bakterienkultur ohne Matrix bei ca. 10^3 KBE/ml lag, ist der Sensitivitätsverlust auch hier eindeutig lebensmittelbedingt.

Für den Nachweis von *S.* Typhimurium in Hackfleisch (Kwang *et al.* 1996) wurde die Nachweisgrenze nach 4 - 6 Stunden kultureller Anreicherung mit einem initialen Inokulum von 2 KBE/ml angegeben. Da es sich um artifiziell kontaminiertes Hackfleisch handelt, wird bei einer angenommenen Generationszeit von 20 - 30 Minuten innerhalb der beschriebenen Kulturzeit eine Keimzahl von 5×10^2 - 5×10^5 KBE/ml erreicht. Somit ist das Protokoll dieser Arbeit, welches eine Mindestkeimzahl von 10^3 - 10^4 KBE Salmonellen pro Milliliter voraussetzt, durchaus vergleichbar.

4.3 Kompetitive PCR

Um für den PCR-Nachweis möglichst gleiche biophysikalische Bedingungen von Wildtyp- und Standard-DNA zu gewährleisten, wurde in das 429 bp lange spezifische Amplifikat, welches mit dem Primer ST11/ST15 (Kap. 2.1.5) erhalten wurde, mittels PCR-Mutagenese eine Deletion von 6 bp eingeführt (Abb. 17). Durch diesen geringen Unterschied sollte eine vergleichbare Amplifikationseffizienz beider Nukleinsäuren erzielt werden. Daß diese Voraussetzung gewährleistet wurde, ist in Tabelle 16 gezeigt.

Im Gegensatz zu der hier etablierten Standard-DNA verwendeten Ravaggi *et al.* (1995) eine Standard-DNA, die sich nur in zwei Punktmutationen von der Wildtyp-DNA unterschied. Für die Differenz von 37 bp zwischen Target- und interner Standard-DNA konnten Möller und Jansson (1997) die gleiche Amplifikationseffizienz ermitteln. Zipeto *et al.* (1993) beschrieben für Target- und Standard-DNA die gleiche Amplifikationseffizienz obwohl sich die Amplifikate sowohl in ihrer Länge - das Standard-Amplifikat ist um 98 bp länger - als auch in ihrer Basenzusammensetzung unterscheiden. Als Grundlage für den internen Standard diente ein rekombinantes Molekül aus einer Vektor-DNA und spezifischen Primern. Die angeführten Beispiele lassen vermuten, daß es bezüglich der Amplifikationseffizienz in diesen Fällen weniger auf die absolute Länge und die Basenzusammensetzung der Amplifikate, sondern auf die zur Amplifikation verwendeten Primer ankommt.

Ziel der quantitativen PCR ist es, von der in der PCR generierten Amplifikatmenge auf die eingesetzte Ausgangsmenge der DNA zu schließen. Dazu ist es notwendig, die Amplifikatmenge in einer PCR zu bestimmen, wofür verschiedene Alternativen denkbar sind. Dies kann, wie in der vorliegenden Arbeit gezeigt, mit einem exogenen DNA-Fragment, das dem PCR-Ansatz vor der Amplifikation zugefügt wird, gewährleistet werden. Durch den Vergleich der Amplifikate von Standard- und Wildtyp-DNA einer kompetitiven PCR läßt sich die ursprünglich vorhandene Menge von Wildtyp-DNA ermitteln. Voraussetzung dafür ist (siehe dazu Tab. 16), daß die Amplifikationseffizienz der beiden Nukleinsäuren gleich ist. Da in den zu analysierenden Proben mit unterschiedlichen Wildtyp-DNA Mengen zu rechnen ist, sollte die PCR mit mehreren Standard-DNA Konzentrationen durchgeführt werden (Abb. 21).

Das hier etablierte kompetitive PCR-System erfüllt damit die Voraussetzungen zur Quantifizierung von Nukleinsäuren. Einschränkungen für eine Quantifizierung von Zellzahlen sind jedoch dadurch bedingt, daß es besonders bei den Salmonella Serovaren mit festgetellten "mismatches" im Bereich der Primerbindungsstellen (*S. enterica* Subspezies *arizonae*) zu unterschiedlichen Amplifikationseffizienzen kommt. Desweiteren können weder zuverlässige Angaben zum Zellaufschluß noch zur Effizienz der DNA-Extraktion in den unterschiedlichen Matrices gemacht werden. Es ist daher nicht möglich, von der absoluten DNA-Menge auf die Anzahl von Zellen in der Ausgangsprobe zu schließen. Eine Möglichkeit um Variationen in der Extraktionseffizienz zu begegnen, könnte die Koextraktion der Kompetitor Moleküle zusammen mit der Ziel-DNA sein. Dazu müßte der zu analysierenden Probe unmittelbar nach dem Zellaufschluß die Standard-DNA zugesetzt werden, bevor die weitere Bearbeitung und die Reinigung der extrahierten DNA erfolgt. Eine solche Strategie wurde von Möller und Jansson (1997) zur Quantifizierung von Cyanobakterien beschrieben.

Eine neue Quantifizierungsstrategie macht sich die 5'-3' Exonukleaseaktivität der *Taq* DNA-Polymerase zu Nutze (Holland *et al.* 1991), um einen direkten Nachweis des PCR-Produkts durch die Freisetzung eines fluoreszierenden Reporterfarbstoffs während der Amplifikation zu ermöglichen. Die gemessene Fluoreszenz ist direkt proportional zur Menge des gebildeten Amplifikationsprodukts. Da es sich bei diesem Verfahren einerseits um eine relativ neue Methode handelt und andererseits der Zugang zu einem Fluoreszenzphotometer gewährleistet sein muß, gibt es bisher nur wenige Anwendungen. Bassler *et al.* (1995) beschrieben den quantitativen Nachweis von *L. monocytogenes* und Witham *et al.* (1996) den Nachweis von enterotoxischen *E. coli*. Nachteilig wirkte sich bei diesen Anwendungen jedoch ebenfalls aus, daß eine Endpunktbestimmung durchgeführt wurde, wodurch die Amplifikationseffizienz

nicht beurteilt werden konnte. Durch die weitere technische Entwicklung dieses Nachwei-
sprinzips (TaqMan™ Technologie) ist eine "online" Detektion und damit die Messung der
Zunahme von Amplifikaten von Zyklus zu Zyklus möglich. Chen *et al.* (1997) etablierten
nach diesem Prinzip den Nachweis von Salmonellen mit einer Nachweisgrenze von 2 - 6 KBE
pro Amplifikationsreaktion mit einem linearen Detektionsbereich über 2 - 3 Zehnerpotenzen.
Für eine exakte Quantifizierung ist jedoch auch in diesem Fall die Zugabe einer internen
Standard-DNA erfoderlich. Um die Variation innerhalb einer PCR von einem Reaktionsgefäß
zum nächsten zu beurteilen, hat sich deshalb die Nutzung eines internen Standards in der Amplifikationsreaktion bewährt (Theoretischer Teil, Kap. 2.3.1.2).

Als Alternative zu dem hier etablierten Prinzip des Zusatzes einer exogenen DNA kann eine
endogene Sequenz oder ein Gentranskript, die in der Probe vorhanden sind, als Amplifikationskontrolle verwendet werden (Kinoshita *et al.* 1992, Sivitz und Lee 1991).

4.4 DNA-Präparation aus Lebensmitteln

Ein limitierender Faktor für die Anwendung der PCR in der Lebensmitteldiagnostik ist das
Fehlen einer einfachen, schnellen und vielseitig verwendbaren DNA-Präparationmethode.
Damit einhergehen sollen außerdem geringe Verluste der spezifischen DNA sowie die Eliminierung störender Substanzen. Prinzipiell gibt es dabei die Möglichkeit der Zellextraktion mit
anschließender Zelllyse und DNA-Reinigung oder der direkten DNA-Extraktion, d. h. Zelllyse
in der Matrix mit nachfolgender DNA-Reinigung.

Exemplarisch wurde in dieser Arbeit eine Methode zur DNA-Präparation von Salmonellen
aus Milchpulver, Schokolade und Kakao etabliert. Nach Abtrennung der Lebensmittelmatrix
wurden die Zellen sedimentiert und durch eine Inkubation bei 95 °C in einer Chelex®100-
Suspension aufgeschlossen. Das Prinzip dieser Methode besteht darin, daß Metallionen, die
zur Stabilität der Zellhülle beitragen, durch das Kationenaustauscherharz chelatinisiert werden. Durch das gleichzeitige Erhitzen während des Bindungsvorganges werden die Zellmem-
branen zerstört sowie die Nukleinsäuren denaturiert (Singer-Sam *et al.* 1989, de Lamballerie
et al. 1992). Bei der auf diese Weise präparierten DNA konnten jedoch nur die Extrakte aus
Milchpulver in einer zufriedenstellenden Größenordnung in der PCR eingesetzt werden, ohne
daß eine Inhibition auftrat (Tab. 12). Da sich eine ausschließliche physikalische Abtrennung
der Matrix für kakaohaltige Lebensmittel als nicht effizient erwies, wurde zur Eliminierung
der PCR-inhibitorischen Substanzen eine Purifikation der Extrakte nach unterschiedlichen

Prinzipien durchgeführt (Kap. 2.2.12.1). Dabei erwies sich das Q. Tip 20 Reinigungssystem, das auf einer Ionen-Austausch Chromatographie basiert, als die am besten geeignete Methode zur Abtrennung der Inhibitoren aus kakaohaltigen Matrices (Tab. 10). Im Vergleich zu den ungereinigten Extrakten konnte die 800- bzw. 200 fache Menge des gereinigten Extraktes eingesetzt werden. Während die Purifikation mittels Silikamembransäule oder Glasmilch auf einer Bindung der DNA an Silika in Anwesenheit chaotroper Salze beruht, erfolgt bei einer Gelfiltration mit Sephacryl eine Trennung der Moleküle lediglich über die Größe. Im Vergleich zu den ungereinigten Extrakten konnte zwar 2 bis 40 mal mehr Extrakt in einer Reaktion eingesetzt werden, bevor es zu einer Inhibition der PCR kam, jedoch war der Abreicherunsfaktor inhibitorisch wirksamer Substanzen gegenüber den Extrakten, die mittels Q. Tip 20 gereinigt wurden, vergleichsweise gering (Tab. 10).

Neben der Eliminierung von PCR-Inhibitoren war der DNA-Verlust das weitere Kriterium zur Beurteilung der Effizienz der einzelnen Verfahren (Abb. 15). Unter Berücksichtigung beider Faktoren eignete sich für Kakaopulver wiederum das Q. Tip 20 System, für Schokolade hingegen das Q. blood Kit am besten (Tab. 11).

Die Beseitigung PCR-inhibitorischer Substanzen durch eine Ionen-Austausch Chromatographie wurde in der Vergangenheit bei der Präparation von DNA aus Umweltproben beschrieben (Tebbe und Vahjen 1993, Straub *et al.* 1995). Bei diesen Proben sind es vor allem Huminsäuren, die durch diese Behandlung erfolgreich beseitigt werden konnten. Bei den inhibitorischen Substanzen des Kakaos handelt es sich wahrscheinlich ebenfalls um phenoxy- und/oder carboxyhaltige Makromoleküle, die durch den Fermentationsprozeß entstehen. Als mögliche Substanzen kommen die sog. Phlobaphene (Benzcatechin-Gerbstoffe), die für die braune Farbe des Kakaos verantwortlich sind, in Betracht (Römpp 1995). Über ihre Wirkungsweise kann nur spekuliert werden, jedoch handelt es sich mit großer Wahrscheinlichkeit um Substanzen, die sich chemisch ähnlich wie Huminsäuren verhalten.

Die Anwendung chaotroper Salze in Verbindung mit Silikapartikeln oder Silikamembranen zur Extraktion und Purifikation von Nukleinsäuren wird vor allem bei klinischen Proben beschrieben (Boom *et al.* 1990, Cheung *et al.* 1994, Zhang *et al.* 1995). Eine von Hale *et al.* (1996) durchgeführte vergleichende Untersuchung über die Effizienz der Nukleinsäureextraktion sowie Beseitigung von PCR-Inhibitoren aus Fäkalproben zeigte, daß die Extraktion von viraler RNA mittels chaotroper Salze und Adsorption an Silika die am besten geeignete Methode war. Die eigenen Untersuchungen mit Schokolade zeigten ebenfalls die beste Effizienz durch die Anwendung chaotroper Salze in Verbindung mit einer Silikamembran (Q. blood Kit) und bestätigen somit die zitierte Arbeit. Für Kakaopulver wurde gegenüber der Ionen-Austausch Chromatographie jedoch eine ca. 6 fach geringere Effizienz ermittelt (Tab. 11). Da der Unterschied im Abreicherungsfaktor inhibitorischer Substanzen begründet ist, kann angenommen werden, daß sich diese sowohl in ihrer Zusammensetzung als auch ihrer Menge unterscheiden.

Der grundlegende Unterschied der beiden Methoden besteht in der Zusammensetzung und Konzentration der Salze sowie den pH-Werten der Bindungs-, Wasch- und Elutionspuffer. Während es bei der Ionen-Austausch Chromatographie unter Niedrigsalzbedingungen und einem pH-Wert von 8,0 zu einer elektrostatischen Bindung der DNA an die modifizierte Silikagelmatrix kommt, wird die DNA in Anwesenheit hoher Konzentrationen chaotroper Salze bei einem pH-Wert von < 7,5 selektiv gebunden. Die Waschschritte und die Elution der DNA erfolgen bei der Ionen-Austausch Chromatographie unter Erhöhung der Salzkonzentration. Im Gegensatz dazu wird die DNA bei der zweitgenannten Methode unter Niedrigsalzbedingungen eluiert. Da durch die Ionen-Austausch Chromatographie eine effektivere Eliminierung der phenolhaltigen Makromoleküle erzielt wurde, spricht es dafür, daß diese Substanzen unter Niedrigsalzbedingungen weniger an die Säulenmatrix binden und/oder unter Hochsalzbedingungen besser abgetrennt werden.

In dieser Arbeit konnte somit ein relativ einfaches DNA-Präparationsverfahren entwickelt werden, das eine wesentliche Voraussetzung für die erfolgreiche Anwendung der PCR im Bereich der Lebensmittelhygiene ist. Für Lebensmittel mit keinem oder geringem PCR-inhibitorischen Potential sollte die physikalische Abtrennung der Matrix und ein chemisch-thermischer Zellaufschluß in einer Chelex®100-Suspension genügen, um amplifizierbare DNA zu erhalten. Da bei der Vielfalt der Lebensmittel jedoch vermehrt mit der Koextraktion inhibitorischer Substanzen zu rechnen ist, sollte anschließend eine Purifikation erfolgen.

4.5   Kulturelle Anreicherung

Für den Nachweis von Salmonellen in Lebensmitteln mittels PCR ist je nach Matrix eine Mindestkeimzahl nötig (Kap. 3.7). Diese wurde in Milchpulver und Schokolade durch die Kombination einer jeweils 8-stündigen unselektiven und anschließenden selektiven Anreicherung in Salmosyst®-Bouillon mit Selektivsupplement erfüllt. Für den Nachweis dieser Mikroorganismen in Kakaopulver hat sich ein Anteil von 60 % H-Milch im Kulturmedium als vorteilhaft erwiesen (Tab. 6).

Je nach untersuchtem Lebensmittel sind sowohl ausschließlich nicht-selektive als auch Kombinationen von nicht-selektiven und selektiven Anreicherungsprozeduren beschrieben. Die nicht-selektiven Anreicherungen wurden in der Regel über 16 bis 24 Stunden in Phosphatgepuffertem Petonwasser (BPW) durchgeführt (Soumet *et al.* 1997, Cohen *et al.* 1996, Woodward und Kirwan 1996, Mahon *et al.* 1994). Bei dieser Art der biologischen Anreicherung wurden also lediglich die unselektiven Bedingungen des konventionellen Salmonellennachweises übernommen.

Im Gegensatz dazu etablierten Aabo *et al.* (1995) zum Nachweis von Salomonellen in Hackfleisch ein relativ aufwendiges dreistufiges Anreicherungsprotokoll (unselektiv, selektiv, unselektiv), das insgesamt ca. 40 Stunden beanspruchte. Dadurch wurde gleichzeitig eine 1000 fache Verdünnung der Lebensmittelmatrix erreicht, so daß die Prozedur der Probenaufarbeitung lediglich darin bestand, die Zellen in einem alkalischen Lysispuffer aufzukochen. Trotz dieses einfachen Verfahrens ist jedoch der Zeitvorteil der PCR-Methodik durch die lange Anreicherungszeit nicht mehr gegeben. Das Ziel einer unkomplizierten Probenaufarbeitung verfolgten Bennett *et al.* (1998) durch eine zweistufige unselektive Anreicherung in BPW (20 h) mit anschließender 1:10 Verdünnung in Hirn-Herz-Bouillon (3 h). Da trotz der Verdünnung eine ausreichende Keimzahl erreicht wurde, diente der zweite Anreicherungsschritt in erster Linie der Verdünnung der Matrix.

Zur Verkürzung der kulturellen Anreicherungsphase wurden vereinzelt Medienzusätze wie z. B. Ferrioxamin E (Reissbrodt und Rabsch 1993), Pyruvat (Lee und Hartmann 1989) oder Lecithin (Bollinger *et al.* 1994) beschrieben. Durch die Supplementierung des Mediums mit Ferrioxamin E konnte die lag-Phase von Salmonellen beim Nachweis in Eiern um 6 bis 8 Stunden verkürzt werden (Kingsley *et al.* 1995). Ein ebenfalls positiver Einfluß wurde von Vogt *et. al.* (1997) für den Nachweis von Salmonellen in Gewürzen beobachtet. Ob jedoch der generelle Zusatz von Ferrioxamin E die Nachweiszeit verkürzt, müßte durch weitere vergleichende Studien gezeigt werden.

4.6 Ausblick

Die Entwicklung anwenderfreundlicher Testsysteme auf molekularbiologischer Basis wird ihre Anwendung in der Lebensmittelanalytik zukünftig begünstigen. Von den verschiedenen Methoden erwies sich der PCR-gestützte Nachweis aufgrund der hohen Sensitivität und der definierbaren Selektivität bei einem gleichzeitig geringen Zeitbedarf als vorteilhaft. Die Kombination aus einer kulturellen Kurzanreicherung, einer physikalischen Abtrennung der Mikroorganismen aus der Kultur sowie der PCR ist eine vielversprechende Alternative zum konventionellen Nachweis pathogener Mikroorganismen in Lebensmitteln. Da nicht die Notwendigkeit der Isolierung einer Reinkultur besteht, kann sie innerhalb von 24 Stunden ein Ergebnis liefern. Dies ist von großem Interesse für die Lebensmittelhygiene, da verschiedene Rechtsvorschriften wie z. B. die Fleischhygiene-, die Eiprodukt-, oder die Milch-Verordnung die Abwesenheit bestimmter pathogener Mikroorganismen verlangen. Für eine quantitative Analyse nach einer kulturellen Anreicherung ist die PCR jedoch nicht geeignet, da sowohl der Status als auch die Wachstumskinetik von Zielorganismen unbekannt sind.

Der PCR-Nachweis pathogener Mikroorganismen ohne vorherige biologische Aneicherung ist zur Zeit noch problematisch. Ein eindeutiger Vorteil ist, daß nicht kultivierbare, jedoch infektiöse Mikroorganismen nachgewiesen werden können. Nachteilig wirkt sich der Nachweis nicht vermehrungsfähiger bzw. toter Mikroorganismen bei der Untersuchung von Lebensmitteln aus. Ein mögliches Verfahren zur Unterscheidung zwischen lebenden und toten Mikroorganismen könnte die Anwendung von Fluoreszenzmarkern sein, die selektiv von lebenden Zellen akkumuliert werden. Die Visualisierung der Lebenden wäre z. B. in Kombination mit einer Durchflußzytometrie möglich, jedoch ist eine physikalische Trennung zwischen lebenden und toten Zellen nicht gewährleistet. Denkbar wäre auch die Selektion lebender Mikroorganismen über einen Marker, der bei toten Mikroorganismen nicht mehr vorhanden ist. Zur Separation könnte der entsprechende Ligand an magnetische Partikel gekoppelt werden. Im Gegensatz zur Abtrennung von eukaryontischen Zellen mit Hilfe des für lebende Zellen selektiven Oberflächenmarkers Phosphatidylserin ist für Bakterien zur Zeit jedoch kein selektiver Oberflächenmarker bekannt. Außerdem müßte bei dieser Art der Differenzierung mit einem erheblichen Sensitivitätsverlust gerechnet werden. Eine weitere Möglichkeit könnte der selektive enzymatische Abbau der DNA von toten Mikroorgansmen sein, bevor anschließend die lebenden erfaßt werden.

5   Zusammenfassung

Auf der Grundlage der PCR wurde ein spezifisches Nachweissystem für Salmonellen in Lebensmitteln entwickelt. Die Spezifität dieses Systems innerhalb der Gattung *Salmonella* liegt je nach Primerpaar bei 97,5 % (ST12/ST15), 94,5 % (ST11/ST13) und 87,1 % (ST11/ST15). Die Spezifitätsunterschiede wurden bei den Serovaren der *Salmonella enterica* Subspezies *arizonae* und *indica* sowie bei der Spezies *S. bongori* festgestellt. Weiterhin ist mit der Primerkombination ST12/ST15 der artspezifische Nachweis von *S. enterica* möglich.

Die ermittelte Sensitivität des Nachweises mittels PCR ist abhängig von der Nachweismethodik der Amplifikate. Für den Nachweis mittels Agarosegel werden 50 fg, mittels Southern-Blot Hybridisierung 5 fg bzw. mittels kolorimetrischem Nachweis in der Mikrotiterplatte ("PCR-ELISA") 5 - 50 fg DNA in der Amplifikationsreaktion benötigt.

Zum Ausschluß falsch negativer PCR-Ergebnisse wurde die Amplifikationsreaktion als kompetitive PCR unter Zusatz einer internen Standard-DNA etabliert. Da für die interne Standard-DNA und die unveränderte Salmonellen-DNA die gleiche Amplifikationseffizienz ermittelt wurde, ist eine Quantifizierung der PCR-Produkte möglich.

Durch den Einsatz von DNA-Reinigungssystemen sowie dem Zusatz von BSA zu den PCR-Ansätzen konnte besonders bei den kakaohaltigen Matrices eine Verringerung der PCR-Inhibition erzielt werden.

Für einen positiven PCR-Nachweis von Salmonellen in einer Lebensmittelprobe werden je nach Matrix 10^3 - 10^4 Keime pro Milliliter Suspension benötigt. Um diese Keimzahl zu erreichen, wurde eine Kultivierung von 16 Stunden in Salmosyst® Bouillon durchgeführt, wodurch gleichzeitig der Nachweis lebender Keime gewährleistet werden kann.

6 Literatur

Aabo, S., Rasmussen, O. F., Rossen, L., Sorensen, P. D. and Olsen, J. E. (1993) *Salmonella* identification by the polymerase chain reaction. *Mol. Cell. Probes* **7,**171-178.

Aabo, S., Andersen, J. K. and Olsen, J. E. (1995) Research note: detection of *Salmonella* in minced meat by the polymerase chain reaction method. *Letters Appl. Microbiol.* **21,** 180-182.

Abbott, M. A., Poiesz, B. J., Byrne, B. C., Kwok, S., Sninsky, J. J. and Ehrlich, G. D. (1988) Enzymatic gene amplification: Qualitative and quantitative methods for detecting proviral DNA amplified in vitro. *J. Infect. Diseases* **158,** 1158-1169.

Agersborg, A., Dahl, R. and Martinez, I. (1997) Sample preparation and DNA extraction procedures for polymerase chain reaction identification of *Listeria monocytogenes* in seafoods. *Int. J. Food Microbiol.* **35,** 275-280.

Ahokas, H. and Erkkila, M. J. (1993) Interference of PCR amplification by the polyamines, spermine and spermidine. *PCR Methods Appl.* **3,** 65-68.

Aleksic, S., Lehmacher, A. und Bockemühl, J. (1996) Salmonellen in Gewürzen und anderen Trockenprodukten: Ihre Bedeutung als Krankheitserreger des Menschen. In: *Salmonellosen des Menschen: epidemiologische und ätiologische Aspekte.* (Hrsg. H. Kühn und H. Tschäpe) MMV, Medizin Verlag München, 79-88.

Alifano, P., Bruni, C. B. and Carlomagno, M. S. (1994) Control of mRNA processing and decay in prokaryotes. *Genetica* **94,** 157-172.

Allmann, M., Höfelein, C., Köppel, E., Lüthy, J., Meyer, R., Niederhauser, C., Wegmüller, B. and Candrian, U. (1995) Polymerase chain reaction (PCR) for detection of pathogenic microorganisms in bacteriological monitoring of dairy products. *Res. Microbiol.* **146,** 85-97.

Al-Soud, A. and Radström, P. (1998) Capacity of nine thermostable DNA polymerases to mediate DNA amplification in the presence of PCR-inhibiting samples. *Appl. Environ. Microbiol.* **64,** 3748-3753.

Andersen, M. R. and Omiecinski, C. J. (1992) Direct extraction of bacterial plasmids from food for polymerase chain reaction amplification. *Appl. Environ. Microbiol.* **58,** 4080-4082.

Andrews, W. H., June, G. A., Sherrod, P. S., Hammack, T. S. and Amaguana, R. M. (1995) Bacteriological Analytical Manual 8th Edition, Chapter 5 *Salmonella*, AOAC International, 481 North Frederick Avenue, Suite 500 Gaithersburg, MD 20877, USA.

Aranda, E., Rodriguez, M. M., Asensio, M. A. and Cordoba, J. J. (1997) Detection of *Clostridium botulinum* types A, B, E and F in foods by PCR and DNA probe. *Letters Appl. Microbiol.* **25,** 186-190.

Arias, C. R., Garay, E. and Aznar, R. (1995) Nested PCR method for rapid and sensitive detection of *Vibrio vulnificus* in fish, sediments, and water. *Appl. Environ. Microbiol.* **61,** 3476-3478.

Atlas, R. M., Williams, J. and Huntington, M. K. (1995) *Legionella* contamination of dental-unit waters. *Appl. Environ. Microbiol.* **61,** 1208-1213.

Atmar, R. L., Metcalf, T. G., Neill, F. H. and Estes, M. K. (1993) Detection of enteric viruses in oysters by using the polymerase chain reaction. *Appl. Environ. Microbiol.* **59**, 631-635.

Bansal, N. S. (1996) Development of a polymerase chain reaction assay for the detection of *Listeria monocytogenes* in food. *Letters Appl. Microbiol.* **22**, 353-356.

Barany, F. (1991) Genetic disease detection and DNA amplification using cloned thermostable ligase. *Proc. Natl. Acad. Sci.* USA **88**, 189-193.

Barry, T., Colleran, G., Glennon, M., Dunican, L. K. and Gannon, F. (1991) The 16S/23S ribosomal spacer region as a target for DNA probes to identify eubacteria. *PCR Methods Appl.* **1**, 51-56.

Bassler, H. A., Flood, S. J. A., Livak, K. J., Marmaro, J., Knorr, R. and Batt, C. A. (1995) Use of a fluorogenic probe in a PCR-based assay for the detection of *Listeria monocytogenes*. *Appl. Environ. Microbiol.* **61**, 3724-3728.

Baumgart, J., Bockemühl, J. und Lehmacher, A. (1998) Nachweis von pathogenen und toxinogenen Mikroorganismen. In: *Mikrobiologische Untersuchungen von Lebensmitteln* (Hrsg. J. Baumgart *et al.*) Behr's Verlag.

Baumgartner, A. and Grand, M. (1995) Detection of verotoxin-producing *Escherichia coli* in minced beef and raw hamburgers: comparison of polymerase chain reaction (PCR) and immunomagnetic beads. *Archiv für Lebensmittelhygiene* **46**, 125-148.

Bäumler, A. J., Heffron, F. and Reissbrodt, R. (1997) Rapid detection of *Salmonella enterica* with primers specific for *iroB*. *J. Clin. Microbiol.* **35**, 1224-1230.

Bej, A. K., Steffan, R. J., DiCesare, J., Haff, L. and Atlas, R. M. (1990a) Detection of coliform bacteria in water by polymerase chain reaction and gene probes. *Appl. Environ. Microbiol.* **56**, 307-314.

Bej, A. K., Mahbubani, M. H., Miller, R., DiCesare, J. L., Haff, L. and Atlas, R. M. (1990b) Multiplex PCR amplification and immobilized capture probes for detection of bacterial pathogens and indicators in water. *Mol. Cell. Probes* **4**, 353-365.

Bej, A. K., DiCesare, J. L., Haff, L. and Atlas, R. M. (1991a) Detection of *Escherichia coli* and *Shigella* spp. in water by using the polymerase chain reaction and gene probes for *uid*. *Appl. Environ. Microbiol.* **57**, 1013-1017.

Bej, A. K., McCarty, S. C. and Atlas, R. M. (1991b) Detection of coliform bacteria and *Escherichia coli* by multiplex polymerase chain reaction: Comparison with defined substrate and plating methods for quality monitoring. *Appl. Environ. Microbiol.* **57**, 2429-2432.

Bej, A. K., Mahbubani, M. H. and Atlas, R. M. (1991c) Detection of viable *Legionella pneumohpila* in water by polymerase chain reaction and gene probe methods. *Appl. Environ. Microbiol.* **57**, 597-600.

Bej, A. K., Mahbubani, M. H., Boyce, M. J. and Atlas, R. M. (1994) Detection of *Salmonella* spp. in oysters by PCR. *Appl. Environ. Microbiol.* **60**, 368-373.

Bej, A. K., Ng, W. – Y., Morgan, S., Jones, D. D. and Mahbubani, M. H. (1996) Detection of viable *Vibrio cholerae* by reverse-transcriptase polymerase chain reaction (RT-PCR). *Mol. Biotechnol.* **5**, 1-10.

Bennett, A. R., Greenwood, D., Tennant, C., Banks, J. G. and Betts, R. P. (1998) Rapid and definitive detection of *Salmonella* in foods by PCR. *Letters Appl. Microbiol.* **26**, 437-441.

Bessesen, M. T., Luo, Q., Rotbart, H. A., Blaser, M. J. and Ellison, R. T. (1990) Detection of *Listeria monocytogenes* by using the Polymerase Chain Reaction. *Appl. Environ. Microbiol.* **56**, 2930-2932.

Betzl, D., Ludwig, W. and Schleifer, K. H. (1990) Identification of lactococci and enterococci by colony hybridisation with 23S rRNA-targeted oligonucleotide probes. *Appl. Environ. Microbiol.* **52**, 1190-1194.

Bickley, J., Short, J. K., Mc. Dowell, D. G. and Parkes, H. C. (1996) Polymerase chain reaction (PCR) detection of *Listeria monocytogenes* in diluted milk and reversal of PCR inhibition caused by calcium ions. *Letters Appl. Microbiol.* **22**, 153-158.

Blaser, M. J. and Newman, L. S. (1982) A review of human salmollosis. I. Infective dose. *Reviews of Infectious Diseases* **4**, 1096-1106.

Bockemühl, J. und Wohlers, B. (1984) Zur Problematik der Kontamination unbehandelter Trockenprodukte der Lebensmittelindustrie mit Salmonellen. *Zbl. Bakt. Hyg.*, I. Abt. Orig. B **178**, 535-541.

Bockemühl, J. und Seeliger, H. P. R. (1985) Die Auswirkungen neuer taxonomischer Erkenntnisse auf die Nomenklatur von bakteriellen Seuchenerregern. *Bundesgesundheitsblatt* **28**, 65-69.

Bohnert, M., Dilasser, F., Dalet, C., Mengaud, J. and Cossart, P. (1992) Use of specific oligonucleotides for direct enumeration of *Listeria monocytogenes* in food samples by colony hybridization and rapid detection by PCR. *Res. Microbiol.* **143**, 271-280.

Bollinger, S., Casella, M and Teuber, M. (1994) Comparative impedance evaluation of the microbial load of different foodstuffs. *Lebensm. Wiss. Technol.* **27**, 177-184.

Boom, R., Sol, C. J. A., Salimans, M. M. M., Jansen, C. L., Wertheim-van Dillen, P. M. E. and van der Noordaa, J. (1990) Rapid and simple method for purification of nucleic acids. *J. Clin. Microbiol.* **28**, 495-503.

Bosch, ten C., Cuypers, E., Havekes, M., Snijders, J., Huis in 't Veld, J., van der Plas, J. and Hofstra, H. (1994) *Salmonella*-PCR: Screen for microbiological saftey. Abstract ICOMST congres, The Hague.

Brooks, J. L., Moore, A. S., Patchett, R. A., Collins, M. D. and Kroll, R. G. (1992) Use of the polymerase chain reaction and oligonucleotide probes for the rapid detection and identification of *Carnobacterium* species from meat. *J. Appl. Bacteriol.* **72**, 294-301.

Brunt van J. (1990) Amplifying genes: PCR and its alternatives. *BioTechnology* **8**, 291-295.

Brüssow, H., Fremont, M., Bruttin, A., Sidoti, J., Constable, A. and Fryder, V. (1994) Detection and classification of *Streptococcus thermophilus* bacteriophages isolated from industrial milk fermentation. *Appl. Environ. Microbiol.* **60**, 4537-4543.

Bülte, M. (1991) "Dot blot"-Verfahren mit Digoxigenin-markierten Gensonden zum Nachweis von verotoxinogenen *E. coli*-Stämmen (VTEC) in Verdünnungskulturen und Lebensmittelproben. *Archiv für Lebensmittelhygiene* **42**, 77-100.

Bülte, M. and Jakob, P. (1995) The use of a PCR-generated *inv*A probe for the detection of *Salmonella* spp. in artifically and naturally contaminated foods. *Int. J. Food Microbiol.* **26**, 335-344.

Burkhalter, P. W., Müller, C., Lüthy, J. and Candrian, U. (1995) Detection of *Salmonella* spp. in eggs: DNA analyses, culture techniques and serology. *J. AOAC Int.* **78** (6) 1531-1537.

Cai, J. and Winkler, H. H. (1993) Identification of *tlc* and *gltA* mRNAs and determination of in situ RNA half-life in *Rickettsia prowazekii*. *J. Bacteriol.* **175**, 5725-5727.

Candrian, U., Furrer, B., Hoefelein, C. and Luethy, J. (1991) Use of inosine-containing oligonucleotide primers for enzymatic amplification of different alleles of the gene coding for heat-stable toxin type I of enterotoxigenic *Escherichia coli. Appl. Environ. Microbiol.* **57**, 955-961.

Cano, R. J., Rasmussen, S. R., Sanchez Fraga, G. and Palomares, J. C. (1993) Fluorescent detection-polymerase chain reaction (FD-PCR) assay on microwell plates as a screening test for salmonellas in foods. *J. Appl. Bacteriol.* **75**, 247-253.

Cave, H., Mariani, P., Grandchamp, B., Elion, J. and Denamur, E. (1994) Reliability of PCR directly from stool samples: usefulness of an internal standard. *BioTechniques* **16**, 809-810.

Chan, S. W., Wilson, S. G., Vera-Garcia, M., Whippie, K., Ottaviani, M., Whilby, A., Shah, A., Johnson, A., Mozola, M. A. and Halbert, D. N. (1990) Comparative study of colorimetric DNA hybridization method and conventional culture procedure for detection of *Salmonella* in foods. *J. Assoc. Off. Anal. Chem.* **73**, 419-424.

Chen, S., Yee, A.,Griffiths, M., Larkin, C., Yamashiro, C. T., Behari, R., Paszko-Kolva, C., Rahn, K. and De Grandis, S. A. (1997) The evaluation of a fluorogenic polymerase chain reaction assay for the detection of *Salmonella* species in food commodities. *Int. J. Food Microbiol.* **35**, 239-250.

Cheung, R. C., Matsui, S. M. and Greenberg, H. B. (1994) Rapid and sensitive method for detection of Hepatitis C virus RNA by silica particles. *J. Clin. Microbiol.* **32**, 2593-2597.

Chevrier, D., Popoff, M. Y., Dion, M. P., Hermant, D. and Guesdon, J.-L. (1995) Rapid detection of *Salmonella* subspecies I by PCR combined with non-radioactive hybridisation using covalently immobilised oligonucleotide on a microplate. *FEMS Imm. Med. Microbiol.* **10**, 245-252.

Chosa, H., Makin, S., Sasakawa, C., Okada, N., Yamada, M., Komatsu, K., Suk, J. S. and Yoshikawa, M. (1989) Loss of virulence in *Shigella* strains preserved in culture collections due to molecular alteration of the invasion plasmid. *Microb. Pathogen.* **6**, 337.

Cocolin, L., Manzano, M., Cantoni, C and Com, G. (1998) Use of polymerase chain reaction and restriction enzyme analysis to directly detect and identify *Salmonella typhimurium* in food. *J. Appl. Microbiol.* **85**, 673-677.

Cohen, H. J., Mechanda, S. M. and Lin, W. (1996) PCR amplification of the *fimA* gene sequence of *Salmonella typhimurium*, a specific method for detection of *Salmonella* spp. *Appl. Environ. Microbiol.* **62**, 4303-4308.

Coleman, S. S., Melanson, D. M., Biosca, E. G. and Oliver, J. D. (1996) Detection of *Vibrio vulnificus* biotypes 1 and 2 in eels and oysters by PCR amplification. *Appl. Environ. Microbiol.* **62**, 1378-1382.

Compton, J. (1991) Nucleic acid sequence-based amplification - Product review. *Nature* **350**, 91-92.

Cooray, K. J., Nishibori, T., Xiong, H., Matsuyama, T., Fujita, M. and Mitsuyama, M. (1994) Detection of multiple virulence-associated genes of *Listeria monocytogenes* by PCR in artifically contaminated milk samples. *Appl. Environ. Microbiol.* **60**, 3023-3026.

Curiale, M. S. and Klatt, M. J. (1990) Colorimetric deoxyribonucleic acid hybridization assay for rapid screening of *Salmonella* in foods: Collaborative Study. *J. Assoc. Off. Anal. Chem.* **73**, 248-256.

Dalsgaard, A. and Olsen, J. E. (1995) Prevalence of *Salmonella* in dry pelleted chicken manure samples obtained from shrimp farms in a major shrimp production area in Thailand. *Aquaculture* **136**, 291-295.

D'Aoust, J.-Y. (1985) Infective dose of Salmonella typhimurium in cheddar cheese. *Amer. J. Epidemiol.* **122**, 717-720.

D'Aoust, J.-Y. (1994) *Salmonella* and the international food trade. *Int. J. Food Microbiol.* **24**, 11-31.

Datta, A. R., Wentz, B. A. and Hill, W. E. (1988) Identification and enumeration of beta-hemolytic *Listeria monocytogenes* in naturally contaminated dairy products. *J. Assoc. Off. Anal. Chem.* **71**, 673-675.

De Boer, S. H., Ward, L. J., Li, X. and Chittaranjan, S. (1995) Attenuation of PCR inhibition in the presence of plant compounds by addition of BLOTTO. *Nucleic Acids Research* **23**, 2567-2568.

De Lamballerie, X., Zandotti, C., Vignoli, C., Bollet, C. and de Mico, P. (1992) A one-step microbial DNA extraction method using "Chelex 100" suitable for gene amplification. *Res. Microbiol.* **143**, 785-790.

De Man, J. C., Rogosa, M. and Sharpe, M. E. (1960) A medium for the cultivation of lactobacilli. *J. Appl. Bacteriol.* **23**, 130-135.

Demeke, T. and Adams, R. (1992) The effect of plant polysaccharides and buffer additives on PCR. *BioTechniques* **12**, 333-334.

De Smedt, J. M., Chartron, S., Cordier, J. L., Graff, E., Hoekstra, H., Lecoupeau, J. P., Lindblom, M., Milas, J., Morgan, R. M., Nowacki, R., O'Donoghue, D., van Gestel, G. and Varmedal, M. (1991) Collaborative study of the International Office of cocoa, chocolate and sugar confectionery on salmonella detection from cocoa and chocolate processing environmental samples. *Int. J. Food Microbiol.* **13**, 301-308.

Devenish, J. A., Ciebin, B. W. and Bradsky, M. H. (1986) Novobiocin-Brilliant Green-Glucose agar: new medium for isolation of salmonellae. *Appl. Environ. Microbiol.* **52**, 539-545.

Dickinson, J. H., Kroll, R. G. and Kant, K. A. (1995) The direct application of the polymerase chain reaction to DNA extracted from foods. *Letters Appl. Microbiol.* **20**, 212-216.

Di Michele L. J. and Lewis, M. J. (1993) Rapid, species-specific detection of lactic acid bacteria from beer using the polymerase chain reaction. *ASBC Journal* **51**, 63-66.

Dreyfus, L. A., Frantz, J. C. and Robertson, D. C. (1983) Chemical properties of heat-stable enterotoxins produced by enterotoxigenic *Escherichia coli* of different host origins. *Infection and Immunity* **42**, 539-548.

Ericsson, H. and Stalhandske, P. (1997) PCR detection of Listeria monocytogenes in gravad rainbow trout. *Int. J. Food Microbiol.* **35**, 281-285.

Fach, P., Hauser, D., Guillou, J. P. and Popoff, M. R. (1993) Polymerase chain reaction for the rapid identification of *Clostridium botulinum* type A strains and detection in food samples. *J. Appl. Bacteriol.* **75**, 234-239.

Fach, P., Gibert, M., Griffais, R., Guillou, J. P. and Popoff, M. R. (1995) PCR and gene probe identification of botulinum neurotoxin A-, B-, E-, F-, and G-producing *Clostridium* spp. and evaluation in food samples. *Appl. Environ. Microbiol.* **61**, 389-392.

Fach, P. and Popoff, M. R. (1997) Detection of enterotoxigenic *Clostridium perfringens* in food and fecal samples with a duplex PCR and the slide agglutination test. *Appl. Environ. Microbiol,* **63**, 4232-4236.

Fahy, E., Kwoh, D. Y. and Gingeras, T. R. (1991) Self-sustained Sequence Replication (3SR): An isothermal transcription-based amplification system alternative to PCR. *PCR Methods Appl.* **1**, 25-33.

Farmer, J. J. III, Davis, B. R. and Hickman-Bremer, F. W. (1985) Biochemical identification of new species and biogroups of Enterobacteriaceae isolated from clinical specimens. *J. Clin. Microbiol.* **21**, 46-47.

Fernandez, L., Bhowmik, T. and Steele, J. L. (1994) Characterization of the *Lactobacillus helveticus* CNRZ32 pepC gene. *Appl. Environ. Microbiol.* **60**, 333-336.

Finlay, B. B. and Falkow, S. (1989) Common themes in microbial pathogenicity. *Microbiol. Rev.* **53**, 210-230.

Fitter, S., Heuzenroeder, M. and Thomas, C. J. (1992) A combined PCR and selective enrichment method for rapid detection of *Listeria monocytogenes*. *J. Appl. Bacteriol.* **73**, 53-59.

Fitts, R., Daimond, M., Hamilton, C. and Neri, M. (1983) DNA-DNA hybridization assay for detection of *Salmonella* in foods. *Appl. Environ. Microbiol.* **46**, 1146-1151.

Fluit, A. C., Torensma, R., Visser, M. J. C., Aarsman, C. J. M., Poppelier, M. J. .J. G., Keller, B. H. I., Klapwijk, P. and Verhoef, J. (1993a) Detection of *Listeria monocytogenes* in cheese with the Magnetic Immuno-Polymerase Chain Reaction Assay. *Appl. Environ. Microbiol.* **59**, 1289-1293.

Fluit, A. C., Widjojoatmodjo, M. N., Box, A. T. A., Torensma, R. and Verhoef, J. (1993b) Rapid detection of Salmonellae in poultry with the Magnetic Immuno-Polymerase Chain Reaction Assay. *Appl. Environ. Microbiol.* **59**, 1342-1346.

Fock, R. (1996) Salmonellosen des Menschen: epidemiologische und ätiologische Aspekte. (Hrsg. H. Kühn und H. Tschäpe) MMV, Medizin Verlag München, 4.

Foster, J. W. (1991) *Salmonella* acid shock proteins are required for the adaptive acid tolerance response. *J. Bacteriol.* **173**, 6896-6902.

Foster, J. W. and Hall, H. K. (1991) Inducible pH homeostasis and the acid tolerance response of *Salmonella typhimurium*. *J. Bacteriol.* **173**, 5129-5135.

Foster, J. W., Park, Y. K., Bang, I. S., Karem, K., Betts, H., Hall, H. K. and Shaw, E. (1994) Regulatory circuits involved with pH-regulated gene expression in *Salmonella* Typhimurium. *Microbiol.* **140**, 341-352.

Franchis de, R., Cross, N. C. P., Foulkes, N. S. and Cox, T. M. (1988) A potent inhibitor of *Taq* polymerase copurifies with human genomic DNA. *Nucleic Acid Research* **16**, 10355.

French, G. L., King, S. D. and St. Louis, P. (1977) Salmonella serotypes, *Salmonella typhi* phage types, and anti-microbial resistance at the university hospital of the West Indies, *Jamaica. J. Hyg. Camb.* **79**, 5-16.

Fricker, E. J. and Fricker, C. R. (1994) Application of the polymerase chain reaction to the identification of *Escherichia coli* and coliforms in water. *Letters Appl. Microbiol.* **19**, 44-

123

46.

Furrer, B., Candrian, U., Hoefelein, Ch. and Luethy, J. (1991) Detection and identification of *Listeria monocytogenes* in cooked sausage products and in milk by *in vitro* amplification of haemolysin gene fragments. *J. Appl. Bacteriol.* **70**, 372-379.

Gannon, V. P. J., King, R. K., Kim, J. Y. and Golsteyn Thomas, E. J. (1992) Rapid and sensitive method for detection of Shiga-like toxin-producing *Escherichia coli* in ground beef using the polymerase chain reaction. *Appl. Environ. Microbiol.* **58**, 3809-3815.

Gasch, A., Wilborn, F., Scheu, P. and Berghof, K. (1997) Detection of genetically modified organisms with the polymerase chain reaction: Potential problems with the food matrix. In: *Foods produced by means of genetic enineering 2nd Status Report* (Hrsg. G. A. Schreiber und K. W. Bögl) BgVV-Hefte 01/1997, 90-99.

Gibert, I., Barbe, J. and Casadesus, J. (1990) Distribution of insertion sequence IS200 in *Salmonella* and *Shigella. J. Gen Microbiol.* **136**, 2555-2560.

Giesendorf, B. A. J., Quint, W. G. V., Henkens, M. H. C., Stegeman, H., Huf, F. A. and Niesters, H. G. M. (1992) Rapid and sensitive detection of *Campylobacter* spp. in chicken products by using the polymerase chain reaction. *Appl. Environ. Microbiol.* **58**, 3804-3808.

Golsteyn Thomas, E. J., King, R. K., Burchak, J. and Gannon, V. P. J. (1991) Sensitive and specific detection of *Listeria monocytogenses* in milk and ground beef samples with the polymerase chain reaction. *Appl. Environ. Microbiol.* **57**, 2576-2580.

Gomez-Lucia, E., Goyache, J., Orden, J. A., Blanco, J. L., Ruiz-Santa-Quiteria, J. A., Dominguez, L. and Suarez, G. (1989) Production of enterotoxin A by supposedly nonenterotoxigenic *Staphylococcus aureus* strains. *Appl. Environ. Microbiol.* **55**, 1447.

Gopo, J. M., Melis, R., Filipska, E., Meneveri, R. and Filipska, J. (1988) Development of a *Salmonella* specific biotinylated DNA probe for rapid routine identification of *Salmonella. Mol. Cell. Probes* **2**, 271-279.

Gouvea, V., Santos, N., do Carmo Timenetsky, M. and Estes, M. K. (1994) Identification of Norwalk virus in artifically seeded shellfish and selected foods. *J. Virological Meth.* **48**, 177-187.

Grant, K. A., Dickinson, J. H., Payne, M. J., Campbell, S., Collins, M. D. and Kroll, R. G. (1993) Use of the polymerase chain reaction and 16S rRNA sequences for the rapid detection of *Brochothrix* spp. in foods. *J. Appl. Bacteriol.* **74**, 260-267.

Greenwood, M. H. and Hooper, W. L. (1983) Chocolate bars contaminated with Salmonella napoli: an infectivity study. *Brit. Med. J.* **286**, 1394.

Grimont, F., and Grimont P. A. D. (1991) DNA Fingerprinting . In *Nucleic Acid Techniques in Bacterial Systematics* (Hrsg. E. Stackebrandt, M. Goodfellow). John Wiley & Sons; New York

Grunstein, M. and Hogness, D. S. (1975) Colony hybridization: A method for the isolation of cloned DNA's that contain a specific gene. *Proc. Nat. Sci. USA* **72**, 3961-3965.

Guatelli, J. C., Whitfield, K. M., Kwoh, D. Y., Barringer, K. J., Richman, D. D. and Gingeras, T. R. (1990) Isothermal *in vitro* amplification of nucleic acids by a multienzyme reaction modeled after retroviral replication. *Proc. Natl. Acad. Sci.* **87**, 1874-1878.

Gulig, P. A. (1990) Virulence plasmids of *S. typhimurium* and other salmonellae. *Micobial Pathogens* **8**, 3-11.

Gulig, P. A. and Doyle, T. J. (1993) The *Salmonella typhimurium* virulence plasmid increases the growth rate of Salmonellae in mice. *Infection and Immunity* **61**, 504-511.

Hale, A. D., Green, J. and Brown, D. W. G. (1996) Comparison of four RNA extraction methods for the detection of small round structured viruses in faecal samples. *J. Virol. Methods* **57**, 195-201.

Har-El, R., Silberstein, A., Kuhn, J. and Tal, M. (1979) Synthesis and degradation of *lac* mRNA in *E. coli* depleted of 30S ribosomal subunits. *Molec. Gen. Genet.* **173**, 135-144.

Hashimoto, Y., Itho, Y., Fujinaga, Y., Khan, A. Q., Sultana, F., Miyake, M., Hirose, K. and Yamamoto, H. (1995) Development of nested PCR based on the ViaB sequence to detect *Salmonella typhi*. *J. Clin. Microbiol.* **33**, 775-777.

Hedberg, C. W., MacDonald, K. L. and Osterholm, M. T. (1994) Changing epidemiology of food-borne disease: a Minnesota perspective. *Clin. Inf. Dis.* **18**, 671-682.

Hensel, M., Shea, J. E., Bäumler, A. J., Gleeson, C., Blattner, F. and Holden, D. W. (1997) Analysis of the boundaries of *Salmonella* pathogenicity island 2 and the corresponding chromosomal region of *Escherichia coli* K-12. *J. Bacteriol.* **179**, 1105-1111.

Herman, L. and De Ridder, H. (1993) Cheese components reduce the sensitivity of detection of *Listeria monocytogenes* by the polymerase chain reaction. *Neth. Milk Dairy J.* **47**, 23-29.

Herman, L. M. F., De Ridder, F. M. H. F. M. and Vlaemynck, G. M. M. (1995a) A Multiplex PCR Method for the Identification of *Listeria* spp. and *Listeria monocytogenes* in Dairy Samples. *J. Food Protect.* **58**, 867-872.

Herman, L. M., De Block, J. H. G. E. and Moermans, R. J. B. (1995b) Direct detection of *Listeria monocytogenes* in 25 milliliters of raw milk by a two-step PCR with nested primers. *Appl. Environ. Microbiol.* **61**, 817-819.

Hill, W. E., Ferreira, J .L., Payne, W. L. and Jones, V. M. (1985) Probability of recovering pathogenic *Escherichia coli* from foods. *Appl. Environ. Microbiol.* **49**, 1374.

Hill, W. E. and Keasler, S. P. (1991) Identification of foodborne pathogens by nucleic acid hybridization. *Int. J. Food Microbiol.* **12**, 67-76.

Hill, W. E., Keasler, S. P., Trucksess, M. W., Feng, P., Kaysner, C. A. and Lampel, K. A. (1991) Polymerase chain reaction identification of *Vibrio vulnificus* in artifically contaminated oysters. *Appl. Environ. Microbiol.* **57**, 707-711.

Holbrook, R., Anderson, J. M., Baird-Parker, A. C., Dodds, L. M., Sawhney, A., Stuchbury, S. H. and Swaine, D. (1989) Rapid detection of *Salmonella* in foods - a convenient two-day procedure. *Lett. Appl. Microbiol.* **8**, 139-142.

Holland, P. M., Abramson, R. D., Watson, R. and Gelfand, D. H. (1991) Detection of specific polymerase chain reaction product by utilizing the 5' - 3' exonuclease activity of *Thermus aquaticus* DNA polymerase. *Proc. Natl. Acad. Sci USA* **88**, 7276-7280.

Hornes, E., Wasteson, Y. and Olsvik, O. (1991) Detection of *Escherichia coli* heat-stable enterotoxin genes in pig stool specimens by an immobilized, colorimetric, nested Polymerase chain reaction. *J. Clin. Microbiol.* **29**, 2375-2379.

Huq, A. and Colwell, R. R (1995) A micobiological paradox: Viable but nonculturable bacteria with special reference to *Vibrio cholerae*. *J. Food Prot.* **59**, 96-101.

Jagow, J. and Hill, W. E. (1986) Enumeration by DNA colony hybridization of virulent *Yer-*

sinia enterocolitica colonies in artifically contaminated food. *Appl. Environ. Microbiol.* **51**, 441-443.

Jann, K. and Jann, B. (1984) Structure and biosynthesis of O-antigens. In: *Handbook of Endotoxins* (Hrsg. R. A. Procter) Vol. I *Chemistry of Endotoxins* (Hrsg. E. Th. Rietschel). Elsevier Amsterdam, New York, Oxford, 138-186.

Jaykus, L. A., De Leon, R. and Sobsey, M. D. (1993) Application of RT-PCR for the detection of enteric viruses in oysters. *Wat. Sci. Tech.* **27** (3-4), 49-53.

Jegathesan, M. (1983) Phage types of *Salmonella typhi* isolated in Malaysia over the 10-year period 1970-1979. *J. Hyg. Camb.* **90**, 91-97.

Jin, C. -F., Mata, M. and Fink, D. J. (1994) Rapid construction of deleted DNA fragments for use as internal standards in competitive PCR. *PCR Methods Appl.* **3**, 252-255.

Jinneman, K. C., Trost, P. A., Hill, W. E., Weagant, S. D., Bryant, J. L., Kaysner, C. A. and Wekell, M. M. (1995) Comparison of template preparation methods from foods for amplification of *Escherichia coli* O157 Shiga-like toxins type I and II DNA by multiplex polymerase chain reaction. *J. Food Protect.* **58**, 722-726.

Jones, B. D., Ghori, N. and Falkow, S. (1994) *Salmonella* Thyphimurium initiates murine infection by penetrating and destroying the specialized epithelial M cells of the Peyer's patches. *J. Exp. Med.* **180**, 15 23.

Jones, D. D., Law, R. and Bej, A. K. (1993) Detection of *Salmonella* spp. in oysters using polymerase chain reaction (PCR) and gene probes. *Journal of Food Science* **58**, 1191-1197.

Jothikumar, N., Khanna, P., Paulmurugan, R., Kamatchiammal, S. and Padmanabhan, P. (1995) A simple device for the concentration and detection of enterovirus, hepatitis E virus and rotavirus from water samples by reverse transcription-polymerase chain reaction. *J. Virol. Methods* **55**, 401-415.

Kapperud, G., Varbund, T., Skjerve, E., Hornes, E. and Michaelsen, T. E. (1993) Detection of pathogenic *Yersinia enterocolitica* in foods and water by immunomagnetic separation, nested polymerase chain reactions, and colorimetric detection of amplified DNA. *Appl. Environ. Microbiol.* **59**, 2938-2944.

Katcher, H. L. and Schwartz, I. (1994) A distinctive property of *Tth* DNA polymerase: enzymatic amplification in the presence of phenol. *BioTechniques* **16**, 84-92.

Kälin, I., Shepard, S. and Candrian, U. (1992) Evaluation of the ligase chain reaction (LCR) for the detection of point mutations. *Mutation Research* **283**, 119-123.

Kelterborn, E. (1992) Kauffmann White-Schema 1989. *Vet. Med. Hefte* 1.

Kerr, K. G., Rotowa, N. A., Hawkey, P. M. and Lacey, R. W. (1990) Incidence of *Listeria* sp. in precooked, chilled chicken products as determined by culture and enzyme-linked immunoassay (ELISA). *J. Food Protect.* **53**, 606-607.

Khan, G., Kangro, H. O., Coates, P. J. and Heath, R. B. (1991) Inhibitory effects of urine on the polymerase chain reaction for cytomegalovirus DNA. *J. Clin. Pathol.* **44**, 360-365.

Kievits, T., van Gemen, B., van Strup, D., Schikkink, R., Dircks, M., Adriaanse, H., Malek, L., Sooknanan, R. and Lens, P. (1991) NASBA™ isothermal enzymatic *in vitro* nucleic acid amplifiction optimized for the diagnosis of HIV-1 inection. *J. Virol. Methods* **35**, 273-286.

Kingsley, R., Rabsch, W., Stephens, P., Roberts, M., Reissbrodt, R. and Williams, P. H. (1995) Iron supplying systems of Salmonella in diagnostics, epidemiology and infection. *FEMS Immunol. Med. Microbiol.* **11**, 257-264.

Kinoshita, T., Imamura, J., Nagai, H. and Shimotohno, K (1992) Qunatification of gene expression over a wide range by the polymerase chain reaction. *Anal. Biochem.* **206**, 231-235.

Kirk, R. and Rowe, M. T. (1994) A PCR assay for the detection of *Campylobacter jejuni* and *Campylobacter coli* in water. *Letters Appl. Microbiol.* **19**, 301-303.

Kist, M. (1992) Seuchenartige Zunahme der Infektionen durch S. Enteritidis. *Dt. Ärzteblatt* **89**, 1070-1072.

Klein, P. G. and Juneja, V. K. (1997) Sensitive detection of viable *Listeria monocytogenes* by reverse-transcriptase PCR. *Appl. Environ. Microbiol.* **63**, 4441-4448.

Koch, W. H., Payne, W. L., Wentz, B. A. and Cebula, T. A. (1993) Rapid polymerase chain reaction method for detection of *Vibrio cholerae* in foods. *Appl. Environ. Microbiol.* **59**, 556-560.

Kolk, A. H. J., Noordhoek, G. T., de Leeuw, O., Kuijper, S. and van Embden, J. D. A. (1994) *Mycobacterium smegmatis* strain for detection of *Mycobacterium tuberculosis* by PCR used as internal control for inhibition of amplification and for quantification of bacteria. *J. Clin. Microbiol.* **32**, 1354-1356.

Kreader, C. A. (1996) Relief of amplification inhibition in PCR with Bovine Serum Albumin or T4 gene 32 protein. *Appl. Environ. Microbiol.* **62**, 1102-1106.

Kühn, H., Rabsch, W., Gericke, B. und Reissbrodt, R. (1993) Infektionsepidemiologische Analysen von Salmonellosen, Shigellosen und anderen Enterobacteriaceae-Infektionen. *Bundesgesundheitsblatt* **8**, 324-333.

Kühn, H., Wonde, B., Rabsch, W. and Reissbrodt, R. (1994) Evaluation of Rambach Agar for detection of *Salmonella* Subspecies I to VI. *Appl. Environ. Microbiol.* **60**, 749-751.

Kühn, H. (1996) Vorkommen und epidemische Verbreitung. In: *Salmonellosen des Menschen* (Hrsg. H. Kühn und H. Tschäpe) Schriftenreihe des Robert Koch-Instituts. MMV Medizin Verlag München, 19-35

Kwang, J., Littledike, E. T. and Keen, J. E. (1996) Use of the polymerase chain reaction for *Salmonella* detection. *Letters Appl. Microbiol.* **22**, 46-51.

Lair, S. V., Mirkov, T. E., Dodds, J. A. and Murphy. M. F. (1994) A single temperature amplification technique applied to the detection of citrus tristeza viral RNA in plant nucleic acid extracts. *J. Virol. Methods* **47**, 141-152.

Lam, S. and Roth, J. R. (1983) IS200: a Salmonella-specific insertion sequence. *Cell* **34**, 951-960.

Lampel, K. A., Jagow, J. A., Trucksess, M. and Hill, W. E. (1990) Polymerase chain reaction for detection of invasive *Shigella flexneri* in food. *Appl. Environ. Microbiol.* **56**, 1536-1540.

Lantz, P. -G., Tjerneld, F., Borch, E., Hahn-Hägerdal, B. and Radström, P. (1994) Enhanced sensitivity in PCR detection of *Listeria monocytogenes* in soft cheese through use of an aqueous two-phase system as a sample preparation method. *Appl. Environ. Microbiol.* **60**, 3416-3418.

Lee, R. M. and Hartmann, P. A. (1989) Optimal pyruvate concentration for the recovery of coliforms from food and water. *J. Food Prot.* **52**, 119-121.

Lee, C. -Y., Pan, S. -F. and Chen, C. -H. (1995) Sequence of a cloned pR72H fragment and its use for detection of *Vibrio parahaemolyticus* in shellfish with the PCR. *Appl. Environ. Microbiol.* **61**, 1311-1317.

Lees, D. N., Henshilwood, K. and Dore, W. J. (1994) Development of a method for detection of enteroviruses in shellfish by PCR with Poliovirus as a Model. *Appl. Environ. Microbiol.* **60**, 2999-3005.

Lees, D. N., Henshilwood, K., Green, J., Gallimore, C. I. and Brown, D. W. G. (1995) Detection of small round structured viruses in shellfish by Reverse Transcription-PCR. *Appl. Environ. Microbiol.* **61**, 4418-4424.

Lehmacher, A., Bockemühl, J. and Aleksic, S. (1995) Nationwide outbreak of human salmonellosis in Germany due to contaminated paprika and paprika-powedered potato chips. *Epidemiol. Infect.* **115**, 501-511.

Le Minor, L. and Popoff, M. Y. (1987) Designation of *Salmonella enterica* sp. nov., nom. rev., as the Type and Only Species of the genus *Salmonella*. *Int. J. Syst. Bact.* **37**, 465-468.

Leung, R. Y. and Finlay, B. B. (1991) Intracellular replication is essential for the virulence of S. Typhimurium. *Proc. Natl. Acad. Sc.* **88**, 11470-11474.

Li, J., Ochman, H., Groisman, E. A., Boyd, E. F., Solomon, F., Nelson, K. and Selander, R. K. (1995) Relationship between evolutionary rate and cellular location among the inv/spa invasion proteins of *Salmonella enterica*. *Proc. Natl. Acad. Sci.* USA **92**, 7252-7256.

Libby, S. J., Goebel, W., Ludwig, A., Buchmeier, N., Bowe, F., Fang, F. C, , Guiney, D. C., Sonder, J. G. and Heffron, F. (1994) A cytolysin encoded by Salmonella is required for survival within macrophages. *Proc. Natl. Acad. Sci. USA* **91**, 489-493.

Liebl, W., Rosenstein, R., Götz, F. and Schleifer, K. H. (1987) Use of staphylococcal nuclease gene as DNA probe for *Staphylococcus aureus*. *FEMS Microbiol. Letters* **44**, 179-184.

Lienert, K. and Fowler, J. C. S. (1992) Analysis of mixed human/microbial DNA samples: a validation study of two PCR AMP-FLP typing methods. *Bio Techniques* **13**, 276-281.

Lin, C. K. and Tsen, H. Y. (1996) Use of two 16S DNA targeted oligonucleotides as PCR primers for the specific detection of *Salmonella* in foods. *J. Appl. Bacteriol.* **80**, 659-666.

Liu, S. -L., Hessel, A. and Sanderson, K. E. (1993) The *XbaI-BlnI-CeuI* genomic cleavage map of *Salmonella typhimurium* LT2 determined by double digestion, end labelling, and pulsed-field gel electrophoresis. *J. Bacteriol.* **175**, 4104-4120.

Luk, J. M. C., Kongmuang, U., Reeves, P. R. and Lindberg, A. A. (1993) Selective amplification of abequose and paratose synthase genes (*rfb*) by polymerase chain reaction for identification of *salmonella* major serogroups (A, B, C2 and D). *J. Clin. Microbiol.* **31**, 2118-2123.

Ma, J. -F., Gerba, C. P. and Pepper, I. L. (1995) Increased sensitivity of poliovirus detection in tap water concentrates by reverse transcriptase-polymerase chain reaction. *J. Virol. Methods* **55**, 295-302.

Mabilat, C., Bukwald, S., Machabert, N., Desvarennes, S., Kurfürst, R. and Cros, P. (1996) Automated RNA probe assay for the identification of *Listeria monocytogenes*. *Int. J. Food Microbiol.* **28**, 333-340.

Mahon, J., Murphy, C. K., Jones, P. W. and Barrow, P. A. (1994) Comparison of multiplex PCR and standard bacteriological methods of detecting *Salmonella* on chicken skin. *Letters Appl. Microbiol.* **19**, 169-172.

Makino, S. -I., Okada, Y. and Maruyama, T. (1995) A new method for direct detection of *Listeria monocytogenes* from food by PCR. *Appl. Environ. Microbiol.* **61**, 3745-3747.

Mattingly, J. A., Butman, B. T., Plank, M. C. and Durham, R. J. (1988) Rapid monoclonal-based enzyme-linked immunosorbent assay for detection of *Listeria* in foods. *J. Ass. Off. Anal. Chem.* **71**, 679-681.

McCullough, N. B. and Eisele, C. W. (1951) Experimental human salmonellosis. I. Pathogenicity of strains of Salmonela meleagridis and Salmonella anatum obtained from spray-dried whole egg. *J. Inf. Dis.* **88**, 278-289.

McGregor, D. P., Forster, S., Steven, J., Adair, J., Leary, S. E. C., Leslie, D. L., Harris, W. J. and Titball, R. W. (1996) Simultaneous detection of microorganisms in soil suspension based on PCR amplification of bacterial 16S rRNA fragments. *Biotechniques* **21**, 463-471.

McKay, A. M. (1992) Viable but non-culturable forms of potentially pathogenic bacteria in water. *Letters Appl. Microbiol.* **14**, 129-135.

McKillip, J. L., Jaykus, L.-A. and Drake, M. (1998) rRNA stability in heat-killed and UV-irradiated enterotoxigenic *Staphylococcus aureus* and *Escherichia coli* O157:H7. *Appl. Environ. Microbiol.* **64**, 4264-4268.

Mehlman, I. J. and Romero, A. (1982) Enteropathogenic *Escherichia coli*: methods for recovery from foods. *Food Technol.* **36**, 73.

Meyer, R., Lüthy, J. and Candrian, U. (1991) Direct detection by polymerase chain reaction (PCR) of *Escherichia coli* in water and soft cheese and identification of enterotoxic strains. *Letters Appl. Microbiol.* **13**, 268-271.

Micheal, W. G. and Murray, G. S. (1990) Evolution of the molecular structure of rRNA. In: *The Ribosome Structure, Function and Evolution* (Hrsg. E. H. Walter, D. Albert and A. G. Roger) Society of Microbiology, 589-597.

Millar, D., Ford, J., Sanderson, J., Withey, S., Tizard, M., Doran, T. and Hermon-Taylor, J. (1996) IS900 PCR to detect *Mycobacterium paratuberculosis* in retail supplies of whole pasteurized cows' milk in England and Wales. *Appl. Environ. Microbiol.* **62**, 3446-3452.

Möller, A. and Jansson, J. K. (1997) Quantification of genetically tagged Cyanobacteria in Baltic Sea sediment by competitive PCR. *Biotechniques* **22**, 512-518.

Mullis, K. B., Faloona, F. A., Scharf, S. J., Saiki, R. K., Horn, G. T. and Erlich, H. A. (1986) Specific enzymatic amplification of DNA *in vitro*: the polymerase chain reaction. *Cold Spring Harbor Sym. Quant. Biol.* **51**, 263-273.

Mullis, K. B. and Faloona, F. A. (1987) Specific synthesis of DNA *in vitro* via a polymerase catalyzed chain reaction. In: *Methods Enzymology* (Hrsg. R. Wu) Vol. 155, 335-350, Academic Press Inc., San Diego, CA.

Nguyen, A. V., Kahn, M. I. and Lu, Z. (1994) Amplification of Salmonella chromosomal DNA using the polymerase chain reaction. *Avian Dis.* **38**, 119-126.

Nickerson, D. A., Kaiser, R., Lappin, S., Stewart, J. and Hood, L. (1990) Automated DNA diagnostics using an ELISA-based oligonucleotide ligation assay. *Proc. Natl. Acad. Sci. USA* **87**, 8923-8927.

Niederhauser, C., Candrian, U., Höfelein, C., Jermini, M., Bühler, H. -P. and Lüthy, J. (1992) Use of polymerase chain reaction for detection of *Listeria monocytogenes* in food. *Appl. Environ. Microbiol.* **58**, 1564-1568.

Niederhauser, C., Höfelein, C., Lüthy, J., Kaufmann, U., Bühler, H.,-P. and Candrian, U. (1993) Comparison of "Gen-Probe" DNA probe and PCR for detection of *Listeria monocytogenes* in naturally contaminated soft cheese and semi-soft cheese. *Res. Microbiol.* **144**, 47-54.

Nilsson, A., Lambertz, S. T., Stalhandske, P., Norberg, P. and Danielsson-Tham, M. – L. (1998) Detection of *Yersinia enterocolitica* in food by PCR amplification. *Letters Appl. Microbiol.* **26**, 140-144.

Nissen, H., Holck, A. and Dainty, R. H. (1994) Identification of *Carnobacterium* spp. and *Leuconostoc* spp. in meat by genus-specific 16S rRNA probes. *Letters Appl. Microbiol.* **19**, 165-168.

Notermans, S., Heuvelman, C. J. and Wernars, K. (1988) Synthetic enterotoxin B DNA probes for detection of enterotoxigenic *Staphylococcus aureus*. *Appl. Environ. Microbiol.* **54**, 531-533.

Olsen, J. E., Aabo, S., Nielsen, E. O. and Nielsen, B. B. (1991) Isolation of a Salmonella specific DNA hybridization probe. *APMIS* **99**, 114-120.

Pace, N. R., Stahl, D. A., Lane, D. J. and Olsen, G. J. (1986) The analysis of natural microbial populations by ribosomal RNA sequences. *Adv. Microb. Ecol.* **9**, 1-55.

Pahuski, E. E., Dimond, R. L., Priest, J. H., Martin, L. S., Stebnitz, K. K. and Mendoza, L. G. (1992) Method and kit for the separation, concentration and analysis of cells. WO 92/00317 AI, PCT International, Japan, January 9.

Patel, B. K. R., Banerjee, D. K. and Butcher, P. D. (1991) Extraction and characterization of mRNA from mycobacteria: implication for virulence gene identification. *J. Microbiol. Methods* **13**, 99-111.

Patel, B. K. R., Banerjee, D. K. and Butcher, P. D. (1993) Determination of *Mycobacterium leprae* viability by polymerase chain reaction amplification of 71-kDa heat-shock protein mRNA. *J. Infect. Dis.* **168**, 799-800.

Peterson, J. W. (1986) Salmonella toxins. In: *Int. Encyclop. Pharmacol. and Therapeutics* (Section 119) *Pharmacology of bacterial toxins* (Hrsg. F. Dorner, and J. Drews) Pergamon Press Oxford, 227-234

Poli, F., Cattaneo, R., Crespiatico, L., Nocco, A. and Sirchia, G. (1993) A rapid and simple method for reversing the inhibitory effect of Heparin on PCR for HLA Class II Typing. *PCR Methods Appl.* **2**, 356-358.

Popoff, M. Y. and Le Minor, L. (1992) Antigenic Formulas of the *Salmonella* Serovars. WHO Collaborating Centre for Reference and Research on *Salmonella*, Institut Pasteur, Paris, France.

Popoff, M. Y., Bockemühl, J. and McWhorter-Murlin, A. (1992) Supplement 1991 (no 35) to the Kauffmann-White scheme. *Res. Microbiol.* **143**, 807-811.

Powell, H. A., Gooding, C. M., Garrett, S. D., Lund, B. M. and McKee, R. A. (1994) Proteinase inhibition of the detection of *Listeria monocytogenes* in milk using the polymerase chain reaction. *Letters Appl. Microbiol.* **18**, 59-61.

Prager, R., Fruth, A. and Tschäpe, H. (1995) *Salmonella* enterotoxin (*stn*) gene is prevalent

130

among strains of *Salmonella enterica*, but not among *Salmonella bongori* and other *Enterobacteriaceae*. *FEMS Immunology and Medical Microbiology* **12**, 47-50.

Prasad, R., Chopra, A. K., Chary, P. and Peterson, J. W. (1992) Expression and characterization of the cloned *Salmonella* Typhimurium enterotoxin. *Microb. Pathogen* **13**, 109-121.

Rahn, K., De Grandis, S. A., Clarke, R. C., McEwen, S. A., Galan, J. E., Ginocchio, C., Curtiss III, R. and Gyles, C. L. (1992) Amplification of an invA gene sequence of *Salmonella typhimurium* by polymerase chain reaction as a specific method of detection of Salmonella. *Moll. Cell. Probes* **6**, 271-279.

Rambach, A. (1990) New plate medium for faciliated differentiation of *Salmonella* spp. from *Proteus* spp. and other enteric bacteria. *Appl. Environ. Microbiol.* **56**, 301-303.

Ravaggi, A., Zonaro, A., Mazza, C., Albertini, A. and Cariani, E. (1995) Quantification of Hepatitis C virus RNA by competitive amplification of RNA from denatured serum and hybridization on microtiter plates. *J. Clin. Microbiol.* **33**, 265-269.

Reeves, M. W., Evins, G. M., Heiba, A. A., Plikaytis, B. D. and Farmer III, J. J. (1989) Clonal nature of *Salmonella typhi* and ist genetic relatedness to other salmonellae as shown by multilocus enzyme electrophoresis, and proposal of *Salmonella bongori* comb. nov. *J. Clin. Microbiol.* **27**, 313-320.

Reissbrodt, R. and Rabsch, W. (1993) Selective pre-enrichment of *Salmonella* from eggs by siderophore-supplements. *Zbl. Bakt.* **279**, 344-353.

Rijpens, N. P., Jannes, G., van Asbroeck, M., Rossau, R. and Herman, L. M. F. (1996) Direct detection of *Brucella* spp. in raw milk by PCR and reverse hybridizatioon with 16S-23S rRNA spacer probes. *Appl. Env. Microbiol.* **62**, 1683-1688.

Rodrigue, D. C., Tauxe, R. V. and Rowe, B. (1990) International increase in *Salmonella* Enteritidis. A new pandemic? *Epidem. Infect.* **105**, 21-27.

Rollins, D. M. and Colwell, R. R. (1986) Viable but nonculturable stage of *Campylobacter jejuni* and its role in survival in the natural aquatic environment. *Appl. Environ. Microbiol.* **52**, 531-538.

Romanowski, G., Lorenz, M. G. and Wackernagel, W. (1993) Use of polymerase chain reaction and electroporation of *Escherichia coli* to monitor the persistence of extracellular plasmid DNA introduced into natural soils. *Appl. Environ. Microbiol.* **59**, 3438-3446.

Rossen, L., Holmstrom, K., Olsen, J. E. and Rasmussen, O. F. (1991) A rapid polymerase chain reaction (PCR)-based assay for the identification of *Listeria monocytogenes* in food samples. *Int. J. Food Microbiol.* **14**, 145-152.

Rossen, L., Norskov, P., Holmstrom, K. and Rasmussen, O. F. (1992) Inhibition of PCR by components of food samples, microbial diagnostic assays and DNA-extaction solutions. *Int. J. Food Microbiol.* **17**, 37-45.

Rowe, B. (1987) *Salmonella* surveillance. Reports received from centres participating in the WHO programme. World Health Organization, London.

Römpp, Lexikon der Chemie (1995) (Hrsg. J. Falbe und M. Regitz) Thieme Verlag 9. Auflage, 2115-2117.

Salama, M. S., Sandine, W. E. and Giovannoni, S. J. (1993) Isolation of *Lactococcus lactis* subsp. *cremoris* from nature by colony hybridization with rRNA probes. *Appl. Environ. Microbiol.* **59**, 3941-3945.

Salzano, G., Pallotta, M. L., Maddonni, M. F. and Coppola, R. (1995) Identification of *Listeria monocytogenes* in food and environment by polymerase chain reaction. *J. Environ. Sci. Health*, **A30**, 63-71.

Sambrook, J., Fritsch, E. F. and Maniatis, T. (1989) Molecular Cloning, A Laboratory Manual, Second Edition, Cold Spring Harbour Laboratory Press, New York.

Sanborn, W. R., Vieu, J. F., Komalarini, S., Sinta, Trenggonowati, R., Kadirman, I. L., Sumarmo, Aziz, A., Sadjimin, T., Triwibowo, Atas and Ayam, S. (1979) Salmonellosis in Indonesia: phage type distribution of *Salmonella typhi*. *J. Hyg. Camb.* **82**, 143-152.

Schmidhuber, S., Ludwig, W. and Schleifer, K. H. (1988) Construction of a DNA probe for the specific identification of *Streptococcus oralis*. *J. Clin. Microbiol.* **26**, 1042-1044.

Scholl, D. R., Kaufmann, C., Jollick, J. D., York, C. K., Goodrum, G. R. and Charache, P. (1990) Clinical application of novel sample processing technology for the identification of salmonellae by using DNA probes. *J. Clin. Microbiol.* **28**, 237-241.

Seltmann, G. and Rietschel, E. Th. (1988) The outer membrane of gram-negative bacteria with emphasis on its lipopolysaccharide and lipoprotein components. In: *Berichte der interdisziplinären Arbeitsgemeinschaft Wirkstofforschung* (Hrsg. Barth, A. und Possin, H.) MLU Halle Wittenberg, 77-112.

Shangkuan, Y. H., Show, Y. S. and Wang, T. M. (1995) Multiplex polymerase chain reaction to detect toxigenic *Vibrio cholerae* and to biotype *Vibrio cholerae* O1. *J. Appl. Bacteriol.* **79**, 264-273.

Sheridan, G. E. C., Masters, C. I., Shallcross, J. A. and Mackey, B. M. (1998) Detection of mRNA as an indicator of viability in *Escherichia coli* cells. *Appl. Environ. Microbiol.* **64**, 1313-1318.

Silva, M. T., Appelberg, R., Silva, M. N. T. and Macedo, P. M. (1987) *In vivo* killing and degradation of *Mycobacterium aurum* within mouse peritoneal macrophages. *Infect. Immun.* **55**, 2006-2016.

Simon, M. C., Gray, D. I. and Cook, N. (1996) DNA extraction and PCR methods for the detection of *Listeria monocytogenes* in cold-smoked salmon. *Appl. Environ. Microbiol.* **62**, 822-824.

Singer-Sam, J., Tanguay, R. L. and Riggs, A. D. (1989) Use of Chelex to improve the PCR signal from a small number of cells. *Amplifications* **3**, 11.

Sivitz, W. I. and Lee, E. C. (1991) Assessment of glucose transporter gene expression using the polymerase chain reaction. *Endocrinol.* **128**, 2387-2394.

Song, J. -H., Cho, H., Park, M. Y., Na, D. S., Moon, H. B. and Pai, C. H. (1993) Detection of *Salmonella typhi* in the blood of patients with typhoid fever by polymerae chain reaction. *J. Clin. Microbiol.* **31**, 1439-1443.

Soumet, C., Ermel, G., Fach, P. and Colin, P. (1994) Evaluation of different DNA extraction procedures for the detection of *Salmonella* from chicken products by polymerase chain reaction. *Letters Appl. Microbiol.* **19**, 294-298.

Soumet, C., Ermel, G., Boutin, P., Boscher, E. and Colin, P. (1995) Chemiluminescent and colorimetric enzymatic assays for the detection of PCR-amplified *Salmonella* sp. products in microplates. *BioTechniques* **19**, 792-796.

Soumet, C., Ermel, G., Salvat, G. and Colin, P. (1997) Detection of *Salmonella* spp. in food products by polymerase chain reaction and hybridization assay in microplate format.

Letters Appl. Microbiol. **24**, 113-116.

Southern, E. M. (1975) Detection of specific sequences among DNA fragments separated by gel electrophoresis. *J. Mol. Biol.* **98**, 503-517.

Starbuck, M. A. B., Hill, P. J. and Stewart, G. S. A. B. (1992) Ultra sensitive detection of *Listeria monocytogenes* in milk by the polymerase chain reaction (PCR). *Letters Appl. Microbiol.* **15**, 248-252.

Straub, T. M., Pepper, I. L., and Gerba, C. P. (1995) Removal of PCR inhibiting substances in sewage sludge amended soil. *Water Sci. Technol.* **31**, 311-315.

Szabo, E. A., Pemberton, J. M., Gibson, A. M., Eyles, M. J. and Desmarchelier, P. M. (1994) Polymerase chain reaction for detection of *Clostridium botulinum* types A, B and E in food, soil and infant faeces. *J. Appl. Bacteriol.* **76**, 539-545.

Tauxe, R. V. (1991) Salmonella: A postmodern pathogen. *J. Food Protect.* **54**, 563-568.

Tebbe, C. C. and Vahjen, W. (1993) Interference of humic acids and DNA extracted directly from soil in detection and transformation of recombinant DNA from bacteria and yeast. *Appl. Environ. Microbiol.* **59**, 2657-2665.

Tolker-Nielsen, T., Larsen, M. H., Kyed, H. and Molin, S. (1997) Effects of stress treatments on the detection of *Salmonella typhimurium* by in situ hybridization. *Int. J. Food Microbiol.* **35**, 251-258.

Tougianidou, D. and Botzenhart, K. (1993) Detection of enteroviral RNA sequences in different water samples. *Wat. Sci. Tech.* **27** (3-4), 219-222.

Tschäpe, H. und Kühn, H. (1993) Virulenz und Verbreitung der Enteritis-Salmonellen. In: *Ökosystem Darm* (Hrsg. M. Zeitz, W. F. Caspary, J. Bockemühl und G. Lux) Springer Verlag Berlin Heidelberg, 14-38.

Tschäpe, H. and Prager, R. (1995) Toxinogenic factors of Enteritis-Salmonellae. *SE Asian J. Trop. Med. Publ. Health* **26** (Suppl. 2), 118-127.

Tschäpe, H., Prager, R. und Furth, A. (1996) Virulenzfaktoren und Pathogenese. In: *Salmonellosen des Menschen: epidemiologische und ätiologische Aspekte.* (Hrsg. H. Kühn und H. Tschäpe) MMV, Medizin Verlag München, 159-183.

Tsen, H. -Y., Liou, J. -W. and Lin, C. -K. (1994) Possible use of a polymerase chain reaction method for specific detection of *Salmonella* in beef. *J. Ferment. Bioeng.* **77**, 137-143.

Tsuchiya, Y., Kano, Y. and Koshino, S. (1993) Detection of *Lactobacillus brevis* in beer using polymerase chain reaction technology. *ASBC Journal*, 40-41.

Tsuchiya, Y., Kaneda, H., Kano, Y. and Koshino, S. (1992) Detection of beer spoilage organisms by polymerase chain reaction technology. *ASBC Journal* **50**, 64-67.

Tuchili, L. M., Kodama, H., Izumoto, Y., Mukamoto, M., Fukata, T. and Baba, T. (1995) Detection of *Salmonella* Gallinarum and *S.* Typhimurium DNA in experimentally infected chicks by polymerase chain reaction. *J. Vet. Med. Sci.* **57**, 59-63.

Turpin, P. E., Maycroft, K. A., Rowlands, C. L. and Wellington, E. M. H. (1993) Viable but non-culturable salmonellas in soil. *J. Appl. Bacteriol.* **74**, 421-427.

Ulrich, P. P., Romeo, J. M., Daniel, L. J. and Vyas, G. N. (1993) An improved method for the detection of Hepatitis C virus RNA in plasma utilizing heminested primers and internal control RNA. *PCR Methods Appl.* **2**, 241-249.

Vaneechoutte, M., Rossau, R., de Vos, P., Gillis, M., Janssens, D., Paepe, N., de Rouck, A., Fiers, T., Claeys, G. and Kersters, K. (1992) Rapid identification of Bacteria of the *Comamondaceae* with amplified ribosomal DNA-restriction analysis (ARDRA). *FEMS Microbiology Letters* **93**, 227-234.

Van Der Vliet, G., Schepers, P., Schukkink, R. A. F., van Gemen, B. and Klatser, P. R. (1994) Assessment of mycobacterial viability by RNA amplification. *Antimicrobial Agents and Chemotherapy* **38**, 1959-1965.

Van Oye, E. (1964) The world problem of Salmonellosis. The Hague: Dr. W. Junk Publishers.

Venkateswaran, K., Dohmoto, N. and Harayama, S. (1998) Cloning and nucleotide sequence of the *gyrB* gene of *Vibrio parahaemolyticus* and its application in detection of this pathogen in shrimp. *Appl. Environ. Microbiol.* **64**,681-687.

Vogt, N., Baumgart, J. und Reissbrodt, R. (1997) Verbesserter Nachweis von Salmonellen durch Supplementierung der Voranreicherung mit Ferrioxamin E. Symposium Schnellmethoden und Automatisierung in der Lebensmittel-Mikrobiologie, 02. – 04. Juli.

Walsh, P. S., Metzger, D. A. and Higuchi, R. (1991) Chelex 100 as a medium for simple extraction of DNA for PCR-based typing from forensic material. *BioTechniques* **10**, 506-513.

Wang, R. - F., Cao, W. - W. and Johnson, M. G. (1992a) Development of cell surface protein associated gene probe specific for *Listeria monocytogenes* and detection of the bacteria in food by PCR. *Mol. Cell. Probes* **6**, 119-129.

Wang, R. - F., Cao, W. - W. and Johnson, M. G. (1992b) 16S rRNA-based probes and polymerase chain reaction method to detect *Listeria monocytogenes* cells added to foods. *Appl. Environ. Microbiol.* **58**, 2827-2831.

Wang, R. - F., Cao, W. - W., Franklin, W., Campbell, W. and Cerniglia, C. E. (1994) A 16S rRNA-based PCR method for rapid and specific detection of *Clostridium perfringens* in food. *Mol. Cell. Probes* **8**, 131-137.

Waterman, S. R. and Small, P. L. C. (1998) Acid-sensitive enteric pathogens are protected from killing under extremely acidic conditions of pH 2.5 when they are inoculated onto certain solid food sources. *Appl. Environ. Microbiol.* **64**, 3882-3886.

Way, J. S., Josephson, K. L., Pillai, S. D., Abbaszadegan, M., Gerba, C. P. and Pepper, I. L. (1993) Specific detection of *Salmonella* spp. by multiplex polymerase chain reaction. *Appl. Environ. Microbiol.* **59**, 1473-1479.

Weaver, J. W. and Rowe, M. T. (1997) Effect of non-target cells on the senitivity of the PCR for *Escherichia coli* O157:H7. *Letters Appl. Microbiol.* **25**, 109-112.

Wegmüller, B., Lüthy, J. and Candrian, U. (1993) Direct polymerase chain reaction of *Campylobacter jejuni* and *Campylobacter coli* in raw milk and dairy products. *Appl. Environ. Microbiol.* **59**, 2161-2165.

Wernars, K., Heuvelman, C. J., Chakraborty, T. and Notermans, S. H. W. (1991a) Use of the polymerase chain reaction for direct detection of *Listeria monocytogenes* in soft cheese. *J. Appl. Bacteriol.* **70**, 121-126.

Wernars, K., Delfgou, E., Soentoro, P. S. and Notermans, S. (1991b) Successful approach for detection of low numbers of enterotoxigenic *Escherichia coli* in minced meat by using the polymerase chain reaction. *Appl. Environ. Microbiol.* **57**, 1914-1919.

Widjojoatmodjo, M. N., Fluit, A. C., Torensma, R., Keller, B. H. I. and Verhoef, J. (1991)

Evaluation of the magnetic immuno PCR assay for rapid detection of *Salmonella*. *Eur. J. Clin. Microbiol. Infect. Dis.* **10**, 935-938.

Widjojoatmodjo, M. N., Fluit, A. C., Torensma, R., Verdonk, G. P. H. T. and Verhoef, J. (1992) The magnetic immuno polymerase chain reaction assay for direct detection of *Salmonella* in faecal samples. *J. Clinical Microbiol.* **30**, 3195-3199.

Wiedbrauk, D. L., Werner, J. C. and Drevon, A. M. (1995) Inhibition of PCR by aqueous and vitreous fluids. *J. Clinical Microbiol.* **33**, 2643-2646.

Wiedmann, M., Czajka, J., Barany, F. and Batt, C. A. (1992) Discrimination of *Listeria monocytogenes* from other *Listeria* species by ligase chain reaction. *Appl. Environ. Microbiol.* **58**, 3443-3447.

Wiedmann, M., Barany, F. and Batt, C. A. (1993) Detection of *Listeria monocytogenes* with a nonisotopic Polymerase Chain Reaction-Coupled Ligase Chain Reaction Assay. *Appl. Environ. Microbiol.* **59**, 2743-2745.

Wiedmann, M., Wilson, W. J., Czajka, J., Luo, J., Barany, F. and Batt, C. A. (1994) Ligase Chain Reaction (LCR) - Overview and Applications. *PCR Methods Appl.* **3**, 51-64.

Williams, J. G. K., Kubelik, A. R., Livak, K. J., Rafalski, J. A. and Tingey, S. V. (1990) DNA polymorphisms amplified by arbitrary primers are useful as genetic markers. *Nucleic Acid Res.* **18**, 6531-6535.

Willshaw, G. A., Smith, H. R., Scotland, S. M. and Rowe, B. (1985) Cloning of genes determining the production of Verocytotoxin by E*scherichia coli. J. Gen. Microbiol.* **131**, 3047-3053.

Wilson, S. G., Chan, S., Deroo, M., Vera-Garcia, M., Johnson, A., Lane, D. and Halbert, D. N. (1990) Development of a colorimetric, second generation nucleic acid hybridization method for detection of Salmonella in foods and a comparison with conventional culture procedure. *J. Food Science* **55**, 1394-1398.

Wilson, I. G., Cooper, J. E. and Gilmour, A. (1991) Detection of enterotoxigenic *Staphylococcus aureus* in dried skimmed milk: use of the polymerase chain reaction for amplification and detection of staphylococcal enterotoxin genes *entB* and *entC1* and the thermonuclease gene *nuc. Appl. Environ. Microbiol.* **57**, 1793-1798.

Wilson, W. J., Wiedmann, M., Dillard, H. R. and Batt, C. A. (1993) Identification of *Erwinia stewartii* by a ligase chain reaction assay. *Appl. Environ. Microbiol.* **60**, 278-248.

Wilson, I. G., Cooper, J. E. and Gilmour, A. (1994) Some factors inhibiting amplification of the *Staphylococcus aureus* enterotoxin C_1 (sec$^+$) by PCR. *Int. J. Food Microbiol.* **22**, 55-62.

Winkle, S. (1979) Bakteriologie, Kauffmann-White-Schema. In: *Mikrobiologische und serologische Diagnostik mit Berücksichtigung der Pathogenese und Epidemiologie* Gustav Fischer Verlag, Stuttgart, 39-53.

Winters, D. K., O'Leary, A. E. and Slavik, M. F. (1998) Polymerase chain reaction for rapid detection of *Campylobacter jejuni* in artifically contaminated foods. *Letters Appl. Microbiol.* **27**, 163-167.

Witham, P. K., Yamashiro, C. T., Livak, K. J. and Batt, C. A. (1996) A PCR-based assay for the detection of *Escherichia coli* shiga-like toxin genes in ground beef. *Appl. Environ. Microbiol.* **62**, 1347-1353.

Woese, C. R. (1987) Bacterial evolution. *Microbiology Review* **51**, 221-271.

Woodward, M. J. and Kirwan, S. E. S. (1996) Detection of *Salmonella enteritidis* in eggs by the polymerase chain reaction. *The Veterinary Record* **138**, 411-413.

Wyatt, G. M., Lee, H. A., Dionysiou, S., Morgan, R. A., Stokely, D. J., Hajji, A. H., Richards, J., Sillis, A. J. and Jones, P. H. (1995) Comparison of a Microtitration Plate ELISA with a standard cultural procedure for the detection of *Salmonella* spp. in chicken. *J. Food Prot.* **59**, 238-243.

Xu, H.-S., Roberts, N., Singleton, F. L., Attwell, R.W., Grimes, D. J. and Colwell, R. R. (1982) Survival and viability of non-culturable *Escherichia coli* and *Vibrio cholerae* in the estuarine and marine environment. *Microb. Ecol.* **8**, 313-323.

Yamamoto, H., Hashimoto, Y. and Ezaki, T. (1993) Comparison of detection methods for *Legionella* species in environmental water by colony isolation, fluorescent antibody staining, and Polymerase Chain Reaction. *Microbiol. Immunol.* **37**, 617-622.

Zapatka, F. A. and Varney, G. W. (1977) Neutralization of the bactericidal effect of cocoa powder on Salmonellae by Casein. *J. Appl. Bacteriol.* **42**, 21-25.

Zastrow, K. - D. und Schöneberg, I. (1994) Lebensmittelbedingte Infektionen und Intoxikationen in der Bundesrepublik Deutschland - Ausbrüche 1992. *Bundesgesundheitsblatt* **37**, 247-251.

Zhang, Y., Isaacman, D. J., Wadowsky, R. M., Rydquist White, J., Post, J. C. and Ehrlich, G. D. (1995) Detection of *Streptococcus pneumoniae* in whole blood by PCR. *J. Clin. Microbiol.* **33**, 596-601.

Zhu, Q., Lim, C. K. and Chan, Y. N (1996) Detection of *Salmonella typhi* by polymerase chain reaction. *J. Appl. Bacteriol.* **80**, 244-251.

Zipeto, D., Baldanti, F., Zella, D., Furione, M., Cavicchini, A., Milanesi, G. and Gerna, G. (1993) Qunatification of human cytomegalovirus DNA in peripheral blood polymorphonuclear leukocytes of immunocompromised patients by the polymerase chain raction. *J. Virol. Methods* **44**, 45-56.

7 Anhang

Abb. 22: Vergleich der Sequenzen der PCR Produkte (429 bp) von 20 verschiedenen *Salmonella* Serovaren

Die Amplifikation erfolgte mit der Primerkombination ST11/ST15 (Kap. 2.1.5). Das Alignment wurde mit Hilfe des Programms DNASTAR (Kap. 2.1.7) erstellt. Vorhandene Divergenzen sind durch Umrandung angezeigt. Die Lage der Amplifikationsprimer ST11, ST12, ST13 und ST15 sowie der Fangsonde für Wildtyp-DNA ist entsprechend markiert. Die Sequenznummern beziehen sich auf die verwendeten *Salmonella* Serovare (Tab. 13).

```
              P r i m e r   ST 11          |
     A G C C A A C C A T T G C T A A A T T G G C G C A C A A C C T T C G A C A C A G   Majority

                   10                  20                  30                  40

  1  A G C C A A C C A T T G C T A A A T T G G C G C A C A A C C T T C G A C A C A G   01.SEQ
  1  A G C C A A C C A T T G C T A A A T T G G C G C A C A A C C T T C G A C A C A G   02.SEQ
  1  A G C C A A C C A T T G C T A A A T T G G C G C A C A A C C T T C G A C A C A G   03.SEQ
  1  A G C C A A C C A T T G C T A A A T T G G C G C A C A A C C T T C G A C A C A G   04.SEQ
  1  A G C C A A C C A T T G C T A A A T T G G C G C A C A A C C T T C G A C A C A G   05.SEQ
  1  A G C C A A C C A T T G C T A A A T T G G C G C A C A A C C T T C G A C A C A G   06.SEQ
  1  A G C C A A C C A T T G C T A A A T T G G C G C A C A A C C T T C G A C A C A G   07.SEQ
  1  A G C C A A C C A T T G C T A A A T T G G C G C A C A A C C T T C G A C A C A G   08.SEQ
  1  A G C C A A C C A T T G C T A A A T T G G C G C A C A A C C T T C G A C A C A[A]   09.SEQ
  1  A G C C A A C C A T T G C T A A A T T G G C G C A C A A C C T T C G A C A C A G   10.SEQ
  1  A G C C A A C C A T T G C T A A A T T G G C G C A C A A C C T T C G A C A C A G   11.SEQ
  1  A G C C A A C C A T T G C T A A A T T G G C G C A C A A C C T T C G A C A C A G   12.SEQ
  1  A G C C A A C C A T T G C T A A A T T G G C G C A C A A C C T T C G A C A C A G   13.SEQ
  1  A G C C A A C C A T T G C T A A A T T G G C G C A C A A C C T T C G A C A C A[A]   14.SEQ
  1  A G C C A A C C A T T G C T A A A T T G G C G C A C A A C C T T C G A C A C A G   15.SEQ
  1  A G C C A A C C A T T G C T A A A T T G G C G C A C A A C C T T C G[G]C A C A G   16.SEQ
  1  A G C C A A C C A T T G C T A A A T T G G C G C A C A A C C T T C G[G]C A C A G   17.SEQ
  1  A G C C A A C C A T T G C T A A A T T G G C G C A C A A C C T T C G[G]C A C A G   18.SEQ
  1  A G C C A A C C A T T G C T A A A T T G G C G C A C A A C C T T C G[G]C A C A G   19.SEQ
  1  A G C C A A C C A T T G C T A A A T T G G C G C A C A A C C T T C G[G]C A C A G   20.SEQ


     A C G A A A A T C G C T A T T T T - C G T C C G G C A T G A C G A T G G T A A C   Majority

                   50                  60                  70                  80

 41  A C G A A A A T C G C T A T[C]T T - C G T C C G G C A T G A[T]G A T G G T A A C   01.SEQ
 41  A C G A A A A T C G C T A T T T[C]- C G T C C G G C A T G A C G A T G G T A A C   02.SEQ
 41  A C G A A A A T C G C T A T T T T - C G T[N]C G G C A T G A C G A T G G T A A C   03.SEQ
 41  A C G A A A A T C[T]C T A T T T[Y]- C G T[N]C G G[A]A T G A C G A T G G T A A C   04.SEQ
 41  A C G A A A A T C G C T A T T T T - C G T C C G G C A T G A C G A T G G T A A C   05.SEQ
 41  A C G A A A A T C G C T A T T T[C]- C G T C C G G C A T G A C G A T G G T A A C   06.SEQ
 41  A C G A A A A T C G C T A T T T T - C G T[N]C G G C A T G A C G A T G G T A A C   07.SEQ
 41  A C G A A A A T C G C T A T T T[C]- C G T C C G G C A T G A C G A T G G T A A C   08.SEQ
 41  A C G A A A A T C G C T A T T T T - C G T C C G G C A T G A C G A T G G T A A C   09.SEQ
 41  A C G A A A A T C G[A]T A T T T T - C G T[G]C G G[A]A T G A C G A T G G T A A C   10.SEQ
 41  A C G A A A A T C G C T A T T T T - C G T C C G G C A T G A C G A T G G T A A C   11.SEQ
 41  A C G A A A A T C G C T A T T T T - C G T C C G G C A T G[C]C G A T G G T A A C   12.SEQ
 41  A C G A A A A T C G C T A T T T T - C G T C C G G C A T G A C G A T G G T A A C   13.SEQ
 41  A C G A A A A T C G C T A T T T[C]- C[T]T C C G G C A T G A C G A T G G T A A C   14.SEQ
 41  A C G A A A A T C G C T A T T T T - C G T[G]C G G C A T G A C G A T G G T A A C   15.SEQ
 41  A C G A A A A T C G C T A T T T T - C G T C C G G C A T G A C G A T G G T A A C   16.SEQ
 41  A C G A A A A T C G[A]T A T T T T - C G T C C G G C A T G A C G A T G G T A A C   17.SEQ
 41  A C G A A A A T C G[A]T A T T T T - C G T C C G G C A T G A C G A T G G T A A C   18.SEQ
 41  A C G A A A A T C G C T[C]T T T T[T]C G T C C G G C A T G A C G A T G G T A A C   19.SEQ
 41  A C G A A A A T C G C T[C]T T T T[T]C G T C C G G C A T G A C G A T G G T A A C   20.SEQ
```

```
        A C T A A A A A A A G G G A G A T T G C A T C A C T C T G T A G C A A A T C A A  Majority
                   90              100             110             120
 80     A C T A A A A A A A G G G A G A T T G C A T C A C T C T[A]T A G C A A A T C A A  01.SEQ
 80     A C T A A A A A A A G G G A G A T T G C A T C A C T C T G T A G C A A A T C A A  02.SEQ
 80     A C T A A A A A A A G G G A G A T T G C A T C A C T C T G T A G C A A A T C A A  03.SEQ
 80     A C T A A A A A A A G G G A G A T T G C A T C A C T C T G T A G C A A A T C A A  04.SEQ
 80     A C T A A A A A A A G G G A G A T T G C A T C A C T C T G T A G C A A A T C A A  05.SEQ
 80     A C T A A A A A A A G G G A G A T T G C A T C A C T C T G T A G C A A A T C A A  06.SEQ
 80     A C T A A A A A A A G G G A G A T T G C A T C A C T C T G T A[T]C A A A T C A A  07.SEQ
 80     A C T A A A A A A A G G G A G A T T G C A T C A C T C T G T A G C A A A T C A A  08.SEQ
 80     A C T A A A A A A A G G G A G A T T G C A T C A C T C T G T A G C A A A T C A A  09.SEQ
 80     A C T A A A A A A A G G G A G A T T G C A T C A C T C T G T A G C A A A T C A A  10.SEQ
 80     A C T A A A A A A A G G G A G A T T G C A T C A C T C T G T A G C A A A T C A A  11.SEQ
 80     A C T A A A A A A A G G G A G A T T G C A T C A C T C T G T A G C A A A T C A A  12.SEQ
 80     A C T A A A A A A A G G G A G A T T G C A T C A C T C T G T A G C A A A T C A A  13.SEQ
 80     A C T A A A A A A A G G G A G A T T G C A T C A C T C T G T A G C A A A T C A A  14.SEQ
 80     A C T A A A A A A A G G G A G A T T G C A T C A C T C T G T A G C A A A T C A A  15.SEQ
 80     A C T A A A A A A A G G G A G A T T G C A T C A C T C T G T A[T]C A A A T C A A  16.SEQ
 80     A[T]T A A T[A]A A A G G G A G A T T G C A T C A C T C T G T A[T]C A A A T C A A  17.SEQ
 80     A[T]T A A T[A]A A A G G G A G A T T G C A T C A C T C T G T A[T]C A A A T C A A  18.SEQ
 81     A C T A A A A A A[-]G G G A G A T T[T]C A T C A C T C T G T A[T]C A A A T C A A  19.SEQ
 81     A C T A A A A A A A G G G A G A T T G C A T C A C T C T G T A[T]C A A A T C A A  20.SEQ


        G A C C C T T G A C A G G G T T T C T C C G T T A T C T T T C T A C G C G C C G  Majority
                  130             140             150             160
120     G A C C C T T G A C A G G G T T T C T C C G T T A T C T T T C T A C G C G C C G  01.SEQ
120     G A C C C T T G A C A G G G T T T C T C C[A]T T A T C T T T C T A C G C G C C G  02.SEQ
120     G G[C]T[C]T T G A C A G[A]G T T T C T C C G T T A T C T T T C T A C G C G C C G  03.SEQ
120     G A C C C T T G A C A G G G T[A]T C T C C G T T A T C T T T C[C]A C G C G C[T]G  04.SEQ
120     G A C C C T T G A C A G G[A]T T T C T C C[A]T T A T C T T T C T A C G C G C C G  05.SEQ
120     G A C C C T T G A C A G G[A]T T T C T C C G T T A T C T T T C T A C G C G C C G  06.SEQ
120     G G[C]C[A]T T G A C A G G[A]T T T C T C C G T T A T C T T T C T A C G[T]G C C G  07.SEQ
120     G A C C C T T G A C A G G G T T T C T C C[A]T T A T C T T T C T A C G C G C C G  08.SEQ
120     G A[G]C C T T G A C A G G[A]T T T C T C C G T T A T C T T T C T A C G C G C C G  09.SEQ
120     G G[C]C C T T G A C A G[A]G T T T C T C C[A]T T A T C T T T C[C]A C G C G C C G  10.SEQ
120     G G[C]C C T T G A C A G[A]G T T T[T]T C C[A]T T A T C T T T C[C]A C G C G C C G  11.SEQ
120     G A C C C T T G A C A G G G T T T C T C C[A]T T A T C T T T C T A C G C G C C G  12.SEQ
120     G A C C C T T G A C A G G G T T T C T C C[A]T T A T C T T T C T A C G C G C C G  13.SEQ
120     G A[G]C C T T G A C A G G[A]T T T C T C C G T T A T C T T T C T A C G C G C C G  14.SEQ
120     G A C C C T T G A C A G G G T T T C T C C[A]T T A T C T T T C T A C G C G C C G  15.SEQ
120     G G[C]C[A]T T G A C A G G[A]T T T C T C C G T T A T C T T T C T A C G[T]G C C G  16.SEQ
120     G G[T]C[T]T T G A C A G G[A]T T T C[C]C C G T T A T C T T T C T A C G[T][T]C C G  17.SEQ
120     G G[T]C[T]T T G A C A G G[A]T T T C[C]C C G T T A T C T T T C T A C G[T][T]C C G  18.SEQ
120     G G[C]C C[G]T G A C A G G[A]T T T C T C C G T T A T C T T T C T A C G C G C C G  19.SEQ
121     G G[C]C C[G]T G A C A G G[A]T T T C T C C G T T A T C T T T C T A C G C G C C G  20.SEQ
```

Primer ST 12

```
        T A T A G C G C T T C T C A T C G A C A A C C T A A C T T C T G C G C C A G A C  Majority

             170              180              190              200
             |                |                |                |
160  T A T A G C G C T T C T C A T C G A C A A C C T A A C T T C T G C G C C A G A C  01.SEQ
160  T A T A G C G C T T C T C A T C G A C A A C C T A A C T T C T G C A C C A G A C  02.SEQ
160  T A T A G C G C T T C T C A T C G A C A A C C T A A C T T C T G C G C C A G A C  03.SEQ
160  T A T A G C G C T T C T C A T C G A C A A C C T A A C C T C T G C G C C A G A C  04.SEQ
160  T A T A G C G C T T C T A A T C G A C A A C C T A A C T T C T G C G C C A G A C  05.SEQ
160  T A T A G C G C T T C T A A T C G A C A A C C T A A C T T C T G C G C C A G A C  06.SEQ
160  T A T A G C G C T T C T C A T C G A C A A C C T A A C T T C T G C G C C A G A C  07.SEQ
160  T A T A G C G C T T C T C A T C G A C A A C C T A A C T T C T G C G C C A G A C  08.SEQ
160  T A T A G C G C T T C T C A T C G A C A A C C T A A C T T C T G C G C C A G A C  09.SEQ
160  T A T A G C G C T T C T C A T C G A C A A C C T A A C T T C T G C G C C A G A C  10.SEQ
160  T A T A G C G C T T C T C A T C G A C A A C C T A A C T T C T G C G C C A G A C  11.SEQ
160  T A T A G T G C T T C T A A T C G A C A A C C T A A C T T C T G C G C C A G A C  12.SEQ
160  T A T A G C A C T T C T C A T C G A C A A C C T A A C T T C T G C G C C A G A C  13.SEQ
160  T A T A G C G C T T C T C A T C G A C A A C C T A A C T T C T G C G G C A G A C  14.SEQ
160  T A T A G C G C T T C T C A T C G A C A A C C T A A C T T C T G C G C C A G A C  15.SEQ
160  T A T A G C G C T T C T C A T C G A C A A C C T A A C T T C T G C G C C A G A C  16.SEQ
160  C A T A G C G C T T C T A A T C G A C A A C C T A A C T T C T G C G C C A G G T  17.SEQ
160  C A T A G C G C T T C T C A T C G A C A A C C T A A C T T C T G C G C C A G G T  18.SEQ
160  T A T A G G G C C T C T C A T C G A C A A C C T A A C T T C T G C G C C A G A C  19.SEQ
161  T A T A G G G C C T C T C A T C G A C A A C C T A A C T T C T G C G C C A G A C  20.SEQ
```

Fangsonde

```
        T C C C C T T T G T C G T T T T C A C C T C G C T G G C T A C C G C T T C A G G  Majority

             210              220              230              240
             |                |                |                |
200  T C C C C T T T G T C G T T T T C A C C T C G C T G G C T A C C G C T T C A G G  01.SEQ
200  T C C C C T T T G T C G T T T T C A C C T C G C T G G C T A C C G C T T C A G G  02.SEQ
200  T C C C C T T T G T C G T T T T C A C C T C G C T G G C T A C C G C T T C A G G  03.SEQ
200  T C C C C T T T G T T G T T T T C A C C T C G C T G G C T A C C G C T T C A G G  04.SEQ
200  T C C C C T T T G T C G T T T T C A C C T C G C T G G C T A C C G C T T C A G G  05.SEQ
200  T C C C C T T T G T T G T T T T C A C C T C G C T G G C T A C C G C T T C A G G  06.SEQ
200  T C C C T T T T G T T G T T T T C A C C T C G C T G G C T A C C G C T T C A G G  07.SEQ
200  T C C C C T T T G T C G T T T T C A C C T C G C T G G C T A C C G C T T C A G G  08.SEQ
200  T C C C C T T T G T C G T T T T C A C C T C G C T G G C T A C C G C T T C A G G  09.SEQ
200  T C C C C T T T G T C G T T T T C A C C T C G C T G G C T A C C G C T T C A G G  10.SEQ
200  T C C C C T T T G T T G T T T T C A C C T C G C T G G C T A C C G C T T C A G G  11.SEQ
200  T C C C C T T T G T C G T T T T C A C C T C G C T G G C T A C C G C T T C A G G  12.SEQ
200  T C C C C T T T G T C G T T T T C A C C T C G C T G G C T A C C G C T T C A G G  13.SEQ
200  T C C C C T T T G T C G T T T T C A C C T C G C T G G C T A C C G C T T C A G G  14.SEQ
200  T C C C C T T T G T C G T T T T C A C C T C G C T G G C T A C C G C T T C A G G  15.SEQ
200  T C C C T T T T G T T G T T T T C A C C T C G C T G G C T A C C G C T T C A G G  16.SEQ
200  T C C C C T T T G T T G T T T T C A C C T C G C T G G C T A C C G C T T C A G G  17.SEQ
200  T C C C C T T T G T T G T T T T C A C C T C G C T G G C T A C C G C T T C A G G  18.SEQ
200  T C C C C T T T G T T G T T T T C A C C T C G C T G G C T A C C G C T T C A G G  19.SEQ
201  T C C C C T T T G T T G T T T T C A C C T C G C T G G C T A C C G C T T C A G G  20.SEQ
```

```
    C A A G G C A G A C C A C A G C G T C A G C A C T G G C T T C G T T T T A T G T  Majority
               250               260               270               280
240 C A A A G C A G A C C A C A G C G T C A G C A C T G G C T T C G C T T T A T G T  01.SEQ
240 C A A G G C A G A C C A C A G C G T C A G C A C T G G C T T C G T T T T A T G T  02.SEQ
240 C A A G G C A G A C C A C A G C G T C A G C A C T G G C T T C G T T T T A T G T  03.SEQ
240 C A A G G C A G A C C A C A G C G T C A G C A C T G G C T T C G T T T T A T G T  04.SEQ
240 C A A G G C A G A C C A C A G C G T C A G C A C T G G C T T C G T T T T A T G T  05.SEQ
240 C A A A G C A G A C C A C A A C G T C A A C A C T G G C T T C G T T T T A T G T  06.SEQ
240 C A A G G C A G A C C A C A G C G T C A G G A C T G G C T T C G T T T T A T G T  07.SEQ
240 C A A G G C A G A C C A C A G C G T C A G G A C T G G C T T C G T T T T A T G T  08.SEQ
240 C A A G G C A G A C C A C A G C G T C A G C A C T G G C T T C G T T T T A T G T  09.SEQ
240 C A A G G C A G A C C A C A G C G T C A G G A C T G G C T T C G T T T T A T G T  10.SEQ
240 C A A G G C A G A C C A C A G C G T C A G C A C T G G C T T C G T T T T A T G T  11.SEQ
240 C A A G G C A G A C C A C A G C G T C A G G A C T G G C T T C G T T T T A T G T  12.SEQ
240 C A A G G C A G A C C A C A G C G T C A G G A C T G G C T T C G T T T T A T G T  13.SEQ
240 C A A G G C A G A C C A C A G C G T C A G C A C T G G C T T C G T T T T A T G T  14.SEQ
240 C A A G G C A G A C C A C A G C G T C A G G A C T G G C T T C G T T T T A T G T  15.SEQ
240 C A A G G C A G A C C A C A G C G T C A G C A C T G G C T T C G T T T T A T G T  16.SEQ
240 C A A G G C A G A C C A C A A C G T C A G C A C T G G C T T C G T T T T A C G T  17.SEQ
240 C A A G G C A G A C C A C A A C G T C A G C A C T G G C T T C G T T T T A C G T  18.SEQ
240 C A A G G C A G G C C A C A G T G T C A G C A C T G G C T T C G T T T T A T G T  19.SEQ
241 C A A G G C A G G C C A C A G T G T C A G C A C T G G C T T C G T T T T A T G T  20.SEQ
```

Primer ST 13

```
    T C G A T A G C C T C C A C G G T A A C C T G A T A G T C G C A A A A A T T C G  Majority
               290               300               310               320
280 T C G A T A G C C T C C A C G G T A A C C T G A T A G T C G C A A A A A T T C G  01.SEQ
280 T C G A T A G C C T C C A C G G T A A C C T G A T A G T C G C A A A A A T T C G  02.SEQ
280 T C G A T A G C C T C C A C G G T A A C C T G A T A G T C G C A A A A A T T C G  03.SEQ
280 T C G A T A G C C T C C A C G G T A A C C T G A T A G T C G C A A A A A T T C G  04.SEQ
280 T C G A T A G C C T C C A C G G T A A C C T G A T A G T C G C A A A A A T T C G  05.SEQ
280 T C G A T A G T C T C C A C G G T A A C C T G A T A G T C G C A A A A A T T C G  06.SEQ
280 T C G A T A G C C T C C A C G G T A A C C T G A T A G T C G C A A A A A T T C G  07.SEQ
280 T C G A T A G C C T C C A C G G T A A C C T G A T A G T C G C A A A A A T T C G  08.SEQ
280 T C G A T A G C C T C C A C G G T A A C C T G A T A G T C G C A A A A A T T C G  09.SEQ
280 T C G A T A G C C T C C A C G G T A A C C T G A T A G T C G C A A A A A T T C G  10.SEQ
280 T C G A T A G C G T C C A C G G T A A C C T G A T A G T C G C A A A A A T T C G  11.SEQ
280 T C G A T A G C C T C C A C G G T A A C C T G A T A G T C G C A A A A A T T C G  12.SEQ
280 T C G A T A G T G T C C A C G G T A A C C T G A T A G T C G C A A A A A T T C G  13.SEQ
280 T C G A T A G C C T C C A C G G T A A C C T G A T A G T C G C A A A A A T T C G  14.SEQ
280 T C G A T A G C C T C C A C G G T A A C C T G A T A G T C G C A A A A A T T C G  15.SEQ
280 T C G A T A G C G T C C A C G G T A A C C T G A T A G T C G C A A A A A T T C G  16.SEQ
280 T C G A T A G T G T C C A C G G T A A C C T G A T A G T C G C A A A A A C T T G  17.SEQ
280 T C G A T A G T G T C C A C G G T A A C C T G A T A G T C G C A A A A A C T T G  18.SEQ
280 T C G A T A G C A T C C A C G G T A A C C T G A T A G T C G C A A A A A T T C G  19.SEQ
281 T C G A T A G C A T C C A C G G T A A C C T G A T A G T C G C A A A A A T T C G  20.SEQ
```

```
          C C G A A C G G G G C G T A T T C T G A T C C A T A A T A A A C G C A G C G T A  Majority
          _____

                    330               340               350               360

320  C C G A A C G G G G C G T A T T C T G A T C C A T A A T A A A[T]G C A G C G T A  01.SEQ
320  C C G A A C G G G G C G T A T T C T G A T C C A T A A T A A A C G C A G C G T A  02.SEQ
320  C C G A A C G G G G[T]G T A T T C T G A T C C A T A A T A A A C G C A G C G T A  03.SEQ
320  C C G A A C G G G G[T]G T A T T C T G A T C C A T A A T A A A C G C A G C G T A  04.SEQ
320  C C G A A C G G G G[T]G T A T T C T G A T C C A T A A T A A A C G C A G C G T A  05.SEQ
320  C C G A A C G G G G C G T A T T C T G A T C C A T A A T A A A C G C A G C[A]T A  06.SEQ
320  C C G A A C G G G G C G T A T T C T G A T C C A T[G]A T A A A C G C A G C G T A  07.SEQ
320  C C G A A C G G G G C G T A T T C T G A T C C A T A A T A A A C G C A G C G T A  08.SEQ
320  C C G A A C G G G G[T]G T A T T C T G A T C C A T A A T A A A C G C A G C G T A  09.SEQ
320  C C G A A C G G G G[T]G T A T T C T G A T C C A T A A T A A A C G C A G C G T A  10.SEQ
320  C C G A A C G G G G C G T A T T C T G A T C C A T A A T A A A C G C A G C G T A  11.SEQ
320  C C G A A C G G G G C G T A T T C T G A T C C A T A A T A A A C G C A G C G T A  12.SEQ
320  C C G A A C G G G G C G T A T T C T G A T C C A T A A T A A A C G C A G C G T A  13.SEQ
320  C C G A A C G G G G[T]G T A T T C T G A T C C A T A A T A A A C G C A[A]C G T A  14.SEQ
320  C C G A A C G G G G C G T A T T C T G A T C C A T A A T A A A C G C A G C G T A  15.SEQ
320  C C G A A C G G G G C G T A T T C T G A T C C A T[G]A T A A A C G C A G C G T A  16.SEQ
320  C[T]G A A C G G G G C G T A T T C T G A T C C A T[G]A T A A A C G C[G]G C[A]T A  17.SEQ
320  C[T]G A A C G G G G C G T A T T C T G A T C C A T[G]A T A A A C G C[G]G C[A]T A  18.SEQ
320  C C G A A C G G G G C G T A T T C T G A T C C A T[G]A T A A A C G C[G]G C G T A  19.SEQ
321  C C G A A C G G G G C G T A T T C T G A T C C A T[G]A T A A A C G C[G]G C G T A  20.SEQ
```

```
          A T T T C C T T C A C T T T T T G A C G G C G C C G T T C C G G T G A A T A A A  Majority
          _____

                    370               380               390               400

360  A T T T C C T T C A C T T T T T G A C G G C G C C[A]T T C C G G T G A A T A A A  01.SEQ
360  A T T T C C T T C A C T T T T T G A C G G C G C C G T T C C G G T G A A T A A A  02.SEQ
360  A T T T C C T T C A C T T T T T G A C G G C G[N]C G T T C C G G T G A A T A A A  03.SEQ
360  A T T T C C T T C A C T T T T T G A C G G C G[G]C G T T C C G G T G A A T A A A  05.SEQ
360  A T T T C C T T C A C T T T T T G A C G G C G C C G T T C C G G T G A A T A A A  06.SEQ
360  A T T T C C T T C A C T T T T T G A C G G C G[G]C G T T C C G G T G A A T A A A  07.SEQ
360  A T T T C C T T C A C T T T T T G A C G G C G[T]C G T T C C G G T G A A T A A A  08.SEQ
360  A T T T C C T T C A C T T T T T G A C G G C G C C G T T C C G G T G A A T A A A  09.SEQ
360  A T T T C C T T C A C T T T T T G A C G G C G[G]C G T T C C G G T G A A T A A A  10.SEQ
360  A T T T C C T T C A C T T T T T G A C G G C G C C G T T C C G G T G A A T A A A  11.SEQ
360  A T T T C C T T C A C T T T T T G A C G G C G C C G T T C C G G T G A A T A A A  12.SEQ
360  A T T T C C T T C A C T T T T T G A C G G C G C C[A]T T C C G G T G A A T A A A  13.SEQ
360  A T T T C C[C]T C A C T T T T T G A C G G C[C G]C G T T C C G G T G A A T A A A  14.SEQ
360  A T T T C C T T C A C T T T T T G A C G G C G C C G T T C C G G T G A A T A A A  15.SEQ
360  A T T T C C T T C A C T T T T T G A C G G C G C C G T T C C G G T G A A T A A A  16.SEQ
360  A T T T C C T T C A C T T T T T G A C G G C G C C G T T C C G G T[A A A T A G]A  17.SEQ
360  A T T T C C T T C A C T T T T T G A C G G C G C C G T T C C G G T[A]A A T A[G]A  18.SEQ
360  A T T T C C T T C A C T T T T T G A C G G C G C C G T T C C G G T G A A T A A A  19.SEQ
361  A T T T C C T T C A C T T T T T G A C G G[T]G C C G[C]T C C G G T G A A T A A A  20.SEQ
```

Primer ST 15

A C C T T C C A G T A C C C G C T G G G A A T T T C T A C C   Majority

| 410   420   430 |

400	A C C T T C C A G T A C C C G C T G G G A A T T T C T A C C	01.SEQ
400	A C C T T C C A G T A C C C G C T G G G A A T T T C T A C C	02.SEQ
400	A C C T T C C A G T A C C C G C T G G G A A T T T C T A C C	03.SEQ
400	A C C T T C C A G T A C C C G C T G G G A A T T T C T A C C	04.SEQ
400	A C C T T C C A G T A C C C G C T G G G A A T T T C T A C C	05.SEQ
400	A C C T T C C A G T A C C C G C T G G G A A T T T C T A C C	06.SEQ
400	A C C T T C C A G T A C C C G C T G G G A A T T T C T A C C	07.SEQ
400	A C C T T C C A G T A C C C G C T G G G A A T T T C T A C C	08.SEQ
400	A C C T T C C A G T A C C C G C T G G G A A T T T C T A C C	09.SEQ
400	A C C T T C C A G T A C C C G C T G G G A A T T T C T A C C	10.SEQ
400	A C C T T C C A G T A C C C G C T G G G A A T T T C T A C C	11.SEQ
400	A C C T T C C A G T A C C C G C T G G G A A T T T C T A C C	12.SEQ
400	A C C T T C C A G T A C C C G C T G G G A A T T T C T A C C	13.SEQ
400	A C C T T C C A G T A C C C G C T G G G A A T T T C T A C C	14.SEQ
400	A C C T T C C A G T A C C C G C T G G G A A T T T C T A C C	15.SEQ
400	A C C T T C C A G T A C C C G C T G G G A A T T T C T A C C	16.SEQ
400	A C C T T C C A G T A C C C G C T G G G A A T T T C T A C C	17.SEQ
400	A C C T T C C A G T A C C C G C T G G G A A T T T C T A C C	18.SEQ
400	A C C T T C C A G T A C C C G C T G G G A A T T T C T A C C	19.SEQ
401	A C C T T C C A G T A C C C G C T G G G A A T T T C T A C C	20.SEQ

Abb. 23: Phylogenetische Analyse der Sequenzinformationsdaten (429 bp) von 20 verschiedenen *Salmonella* Serovaren

Die Amplifikation wurde mit der Primerkombination ST11/ST15 durchgeführt (Kap.
2.1.5). Die Erstellung des Stammbaumes erfolgte mit Hilfe des Programms DNASTAR
(Kap. 2.1.7). Die Sequenznummern beziehen sich auf die verwendeten *Salmonella* Serovare (Tab. 13).

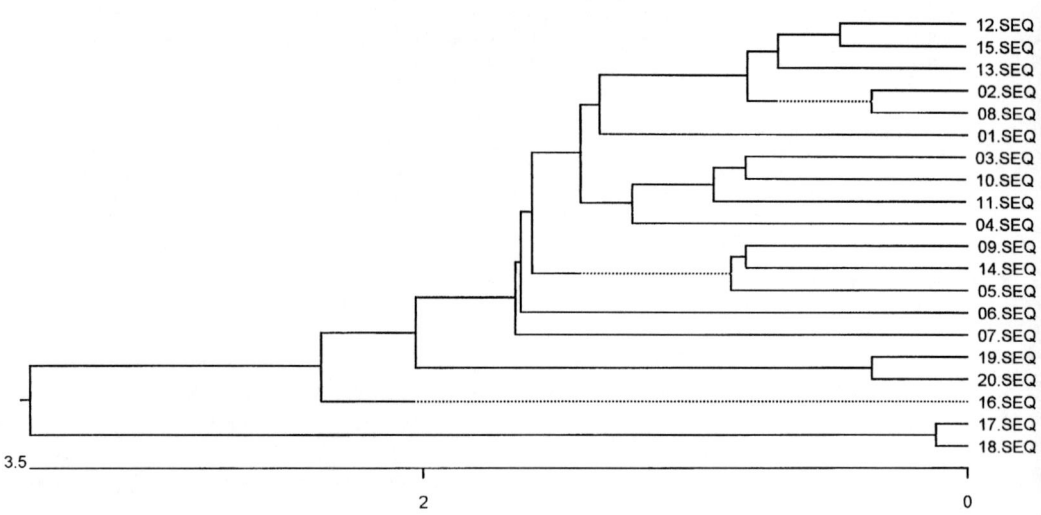